U0576830

科学探索小实验系列丛书

探索物质和能的奥秘

宫春洁　杨春辉　何　欣/编著

吉林人民出版社

图书在版编目(CIP)数据

探索物质和能的奥秘 / 宫春洁, 杨春辉, 何欣编著
. -- 长春 : 吉林人民出版社, 2012.7
(科学探索小实验系列丛书)
ISBN 978-7-206-09171-1

Ⅰ.①探… Ⅱ.①宫… ②杨… ③何… Ⅲ.①物理学
－普及读物②化学－普及读物 Ⅳ.①O4-49②O6-49

中国版本图书馆CIP数据核字(2012)第161399号

探索物质和能的奥秘

TANSUO WUZHI HE NENG DE AOMI

编 著:宫春洁 杨春辉 何 欣
责任编辑:周立东 封面设计:七 洱
吉林人民出版社出版 发行(长春市人民大街7548号 邮政编码:130022)
印 刷:北京市一鑫印务有限公司
开 本:670mm×950mm 1/16
印 张:12 字 数:138千字
标准书号:ISBN 978-7-206-09171-1
版 次:2012年7月第1版 印 次:2023年6月第3次印刷
定 价:38.00元

如发现印装质量问题,影响阅读,请与出版社联系调换。

前　言

主题情节连连看

《科学探索小实验系列丛书》中的七个主题范围能够帮助你了解本书的内容。

第一个主题"揭开科学神秘的面纱"，介绍了科学的本质和科学研究方法中的基本要素，例如：提问题，做假设或进行观察。活动中有许多谜语和具有挑战性的难题。"情景再现"系列由一组科学奥林匹克题组成。

第二个主题"探索物质和能的奥秘"，介绍了许多基本的科学概念，例如：原子、重力和力。这个主题涉及物理和化学领域的一些知识。"情景再现"系列包含比任何魔术表演都更有趣的科学表演——因为你明白了这些"把戏"的秘密。

第三个主题"探索人类的潜能与应用科学"，涉及生理学、心理学和社会学等方面的知识。"情景再现"系列则着眼于人类基本的视觉、听觉、触觉、嗅觉和味觉。应用科学讲述的是工艺学和一些运用科学来为我们服务的方法。"情景再现"部分集中研究飞行，也包括几种纸飞机和风筝的设计。

第四个主题"探索我们生活的环境"，从简单环境意识的训练入手，接着是讲述生态系统的运作原理，最后以广博的"情景再现"系列结束。这一系列讲述了许多我们面临的环境问题，这个系列的一个重要特征是它包括有关判断和决策的各项活动。

第五个主题"探索岩石、天体中的科学"，涉及地质学的知识，即对地球内部和外部的研究，简单的分类活动也被列在其中。"情景再现"系列讲的是岩石的采集，包括采集样本、测试和分析。有关天体讲述的是浩瀚宇宙中的地球。活动范围覆盖了天文学和占星术，包括有关月亮、太阳、恒星和其他行星的知识。

第六个主题"探索生物中的科学"，运用了比岩石、天体部分更进一步的分类技巧，这是因为对生物进行研究，难度更大。"情景再现"系列讲述了绿色植物、真菌和酵母的培植。研究动物包括哺乳动物、鸟类、昆虫、鱼类、爬行动物和两栖动物。活动的范围从某类动物的特征和适应能力到对不同种类动物的对比。"情景再现"部分集中于对动物的观察。观察的办法是去它们的栖息地或让这些动物走近你，例如：去昆虫动物园。

第七个主题"探索天气中的科学"，始于有关空气特性的活动，而后是有关雨、云和小气候的活动。"情景再现"部分讲的是如何建造和使用家用气象站。

阅读与应用宝典

《科学探索小实验系列丛书》是一套能够帮助中小学生去探索周围神奇世界的综合图书，书里面收集了大量的需要亲自动手去做的实践活动和实验。

《科学探索小实验系列丛书》可以作为一套科学的入门宝典。书中包括许多有趣的活动，效果很好。为了使家长和教师能够更加方便地回答学生们提出来的问题，本书在设计上简明易懂。同时，书中的设计也有利于激发学生们提出问题。

《科学探索小实验系列丛书》以时间为基础分为三个主要部分的原因。"极简热身"是一些短小的活动。这些活动很少或不需要任何材料。许多这类活动可以在很短的时间内完成。极简热身通常就某一主题范围介绍一些基本概念。"复杂运动"需要一定计划和一些简单的材料，完成这种活动至少需要半个小时。复杂运动经常深入地解决重要主题范围内的一些概念。某一特定主题范围内的"情景再现"活动是相辅相成的。这些活动突出此主题范围的一个中心或最终完成一项完整的工程，例如：一个气象站。如果愿意的话，你可以独立完成这些活动。"情景再现"活动需要一定计划和一些简单的材料。

《科学探索小实验系列丛书》囊括了科学研究的所有基本方面，被划分成七个主题范围和四十个话题。如果要集中研究某个特定的主题，那么仔细查阅一下那个主题范围内的所有活动。如果你只是在查找有关某一主题的资料和事实，可以挨页翻看带阴影的方框中的内容。总之，每页的内容都是在前些页内容的基础上形成的。

除了主题之外，《科学探索小实验系列丛书》又被分为四十个话题。这些话题为各主题内部及各主题之间的活动提供了概括性的纽带。活动的话题被列在这个活动中带阴影的方框的底部。与活动联系最为紧密的话题被列在第一位，间接的话题被列在后面。

《科学探索小实验系列丛书》中的主题部分可以帮助教师，使活动适应课程的需要。但是由于本书主要是以时间为基础进行划分的，所以按主题范围划分的重要性就被降低了。而且，由于现实世界并没有被划分成不同的主题范围，所以学生们的兴趣也不可能完全一下子从一个主题范围内一个活动跳跃到另一个主题的活动上去。因此，各种话题可能要比划分出来的主题范围更为重要。重要的原因还在于它们能够鼓励一种真正地探索科学的精神。有时有的活动可能引发出与此活动相关，但是在此活动主题范围以外的问题，也可以把各个话题作为检索《科学探索小实验系列丛书》的一种途径。有时，通过不同途径重复进行同一种活动，会有助于学生全面了解事物。各类话题使你将各种活动看作一个有机整体。各种活动相辅相成，有助于学生加深理解，增长见识，培养兴趣。同时在总体上会使学生对科学持一种积极的态度。

《科学探索小实验系列丛书》在每个篇目中都安排了一个活动，主要是通过在每个实验步骤中出现的各种问题来激励深层次的思考。书中大多数活动都是开放型的，允许有各种可行的、合理的结论。每个活动的开头都有两行导语，接下来是活动所需的材料清单和对活动步骤的详细描述。有关事实与趣闻的小短文遍布全书，里面的内容包括奇妙的事实和可以尝试的趣事。

《科学探索小实验系列丛书》中的活动范围从实物操作、书面猜谜、建筑工程到游戏、比赛和体育活动不等，其中有些活动需要合作完成。有些活动是竞赛，还有一些活动是向自我提出挑战。

研究科学不需要正规的实验室或昂贵的进口材料。对学生来说，这个世界就是一个实验室。人行道是进行一次小型自然徒步旅行的绝妙地方。他们可以在教室的水槽里做有关水的实验，把窗台变成温室或观测天气和空气污染的地方。他们可以用厨房的一个角落来培植霉菌和酵母。

因此，《科学探索小实验系列丛书》中所用到的材料都不贵，而且都很容易就能找到。其中一些材料需要你光顾一下五金或园艺商店，但大多数材料在家里就可以找得到。

有效使用《科学探索小实验系列丛书》的一种方法是制作一个用来装科研材料的箱子。带着这个工具箱和这本书，你就可以随时随地地进行科研活动了。工具箱内应装有在《科学探索小实验系列丛书》中需要的简单材料，如塑料袋或容器、放大镜、纸、铅笔、蜡笔、剪刀、吸管、镜子、绳子、雪糕棍、松紧带、球、硬币、水杯，等等。

《科学探索小实验系列丛书》被设计成一本有趣易懂的书——它从书架上跳下来，喊道："用我吧！"

寄语教师与家长

——提高科学研究的质量需要寓教于乐

教师和家长们一方面一直在寻找激起孩子好奇心的方法，另一方面又在为满足孩子的好奇心而努力地指导他们。"好奇心"不只是想去感知的冲动，而是要去真正理解的强烈愿望。科学研究的目的就是要了解这个世界和我们自己。科学研究中的好奇心是指能够转变成追求真知的好奇心。

罗伯特·弗罗斯特（Robert·Frost）说过，"一首诗应该始于欢乐，终于智慧"。这句话对包括严谨的科学在内的其他创造性思维同样适用。"始于欢乐"，有趣的科学活动充满了吸引力，让人流连忘返。"终于得到智慧"，科学活动也会起到教育的作用。

中小学生是为了成为21世纪高效、多产的合格公民，需要在发展的生活中获得必需的科学认知能力。无论是男女老少，住在城市还是乡村，从事脑力劳动还是体力劳动，科学研究对每个人来说都很重要。正是因为有了科学，我们才发展到今天。科学研究创造了我们享受的舒适，也提出了我们必须解决的问题。明智地使用科研成果能够把世界变得更加美好，而胡乱地利用它们将会导致全球性的灾难。

学习科学要进行智力训练。与其他许多事物一样，人们在幼年时期就必须接受智力训练。如果学生没有学会科学的、系统的思考方法，那么他们长大后就会盲目地接受别人的观点，把科学和迷信混为一谈，轻信武断的决定而不是相信成熟的见解。

与语言、艺术、数学和社会学相比，人们对科学研究的重视程度较低。在许多小学，与科学研究相关的学习时间每周只有几个小时，学生对科研的兴趣降低了，人们对与科研相关学科课程发展的支持也明显减少了。今天，调查感叹科学教育的不足，社会发展对熟练科技人才的需求，计算机的日益普及和严重的全球性的环境问题，使人们看到了社会重新对科学研究产生兴趣的希望。

在某种程度上说，提高"科学认知能力"意味着鼓励更多的中小学生认知科研事业的重要性。现在，科研及其应用比以往任何时候发展得都要快。我们需要更多的科学家、技术人员和工程师在未来的复杂世界中发挥作用。

更为重要的是，对科学的认知能力要求我们认识到科学研究并不只是由专家们来为我们做的，而是要求我们去亲自实践。科学读物中的理论知识与真正理解之间是脱节的。没有人们的理解和热心钻研，这些知识只是潜在的，而不是真正被掌握的人类知识。为了能够跟上社会发展的步伐，每个人都应该具备相应的科学知识。科学的认知能力也包括能够运用基本的科学技巧做出明智的决定。在科技发达的社会里，科学的决策推动着生活的进步。我们应建更多的原子能工厂吗？哪些疾病的研究应获得科研基金？应该控制世界人口吗？怎样看待试管婴儿和代理妈妈？

对科学的认知可以从一本介绍科研活动的书开始。科学活动能够使学生获得一种可以控制不断变化的，充满问题的世界的感觉。首先，这些活动为学生提供了一个学做具体事情，从而改善世界的机会。例如：有关环境的活动使学生们知道他们可以马上采取哪些行动来保护环境。其次，科学活动能够让学生亲自体验哪些办法行得通，哪些行不通。例如：学生可以直接比较水和醋在植物生长过程中起到的作用。第三，科学研究可以帮助人们理解事物，消除恐惧和疑惑。例如：飞机上升时耳朵有发胀的感觉会使你感到惊慌。当你明白了为什么会出现这种情况并知道如何缓解压力的时候，就会好多了。第四，科研活动能够让你更加深刻地认识到这个世界确实十分奇妙。例如：为什么割了手指会感到疼痛，而割到指甲时不会感到疼？最后，科学活动通过鼓励积极参与和培养个人责任感来平衡学生在依赖电视这一年龄阶段所形成的被动观察。

科学研究是对世间奇迹的探索，这一点学生们认识得最深刻。每位中小学生都可以被看作是未来的科学家。学生们想弄懂所有的事情。一旦他们找到了一位知晓一切的人——通常是父母或老师——他们便源源不断地提出问题。想要了解事物如何发展变化以及这个世界的存在方式是一件正常的事情。在最基本的层次上，科学讲的就是这个。科学家只不过是一些专业人员。他们所从事的研究，学生们都能够自然地做出来。科学家的内心活动实际上与学生们的一样。学生实际上就是小科学家。

研究表明，家长和小学教师（与高中教师相反）在使学生对科学研究产生兴趣这一点上，由于他们自身的疑问和好奇心以及他们敢于承认自己专业知识的缺乏，使他们在指导学生进行科学实践的过程中占据了优势。这也与他们鼓励学生与他人分享想法和经验有关。

科学不能光靠空谈，还必须亲自动手去做。学生在主动的，需要动手的环境中更能兴趣盎然地进行学习。研究表明，动手实践能使学生的能力在科学研究和创造性活动中得到大幅度的提高；实践活动也提高了学生在感知、逻辑、语言学习、科学内容和数学等方面的能力，同时也改变了他们对科学研究和科学课的态度。更为有趣的是，人们发现那些在学习上、经济上或两个方面都略显逊色的学生们在以实践活动为基础的科研中获得了很大收益。

有时，让学生直接与被研究对象接触是非常方便的。例如：他们能直接利用光来制造阴影。而另外一些研究对象（如恐龙和其他行星）无法使学生获得直接经验。此时我的脑子中就闪出了这样的想法：得让学生们积极地参与进来。于是，故事和戏剧等形式被融入活动之中，来代替直接经验。

进行科研活动常用的一种好办法就是分三步走的"循环学习法"。对科研实践来说，循环学习法是一种简单有效的方法。它始于20世纪60年代，是由美国国家科学基金会赞助发起的。它是科学课程完善性研究的一部分。作为一种使学生们直接主动地进行科研实践的教学策略，它已初显成效。

在循环学习法中，学生在接触新的术语或概念之前，要先完成一个活动。其目的是让学生通过他们的个人亲身经历，逐步形成并不断加深对这些知识的认识。学生可以在一种结构严谨，并且灵活多变的方式中开始探索，进行活动。接下来是对活动进行讨论。最后一步是重复这个活动或活动中的某些形式，以使学生们能够把新学的概念运用到实际当中。

循环学习法的第一步，初步接触活动，是让学生们去发现新的观点和材料。当学生们初次进行某项活动时，他们便获得了建立在实践基础上的科学概念。游戏是获得信息的基础，而且概念的培养也离不开直接的动手实践。学生们有能力去观察，收集材料、推理、解释和进行实验。在必要的时候，教师或父母可以充当监督或咨询的角色，通过提出问题来帮助学生们完成活动，千万不要告诉学生们去做什么或给出答案，不要使孩子们产生一定要做对的压力，而是要使他们专心于做的过程。

举一个利用循环学习法来使用《科学探索小实验系列丛书》的例子。假设你对植物这个主题感兴趣，你可能在"情景再现"这一部分找到相关活动。这一循环的第一步包括一个有关种子的活动。首先展出不同的种子并让学生们用放大镜去观察和比较。在第二步，你与学生们讨论他们的观察结果，并列出他们所观察到的种子的物理特征。然后可以让他们读本有关种子的书。在最后一步，让学生们继续深入研究种子。如把不同的水果切开，比较它们的种子，或者甚至可以把利马豆浸泡一夜后进行解剖。

接下来便到了讨论阶段。通过讨论，可以帮助学生发现实践活动的意义所在。而且，学生在进行观察并形成了某种看法之后，也急于与别人交流，把他们的发现公之于众。

可以在讨论过程中使用《科学探索小实验系列丛书》中的背景知识介绍基本概念和词汇。书中的信息如果能和其他资料，如教科书、词典、百科全书、视听辅助手段等相结合，还可以不断地拓展、丰富。书中有些背景注释为了适合青少年学习，可以稍作改动。不过，如果使用的语言过于简单，它就不具有挑战性的研究价值了，学生们也就不可能重视隐含在字面之后的概念。

讨论应在自由开放的氛围中进行。交际能力使讨论充满活力和具有成效是非常重要的。

发展主动的听力技巧。重述学生们的话，向他们表明你一直在听，而且明白他们的意思。

提出非限定性的问题。如"你是怎么看的?""发生了什么……?""如果……，会怎样?""怎样才能发现……?""怎么能确定……?""有多少种方法能够……?"

当学生们提出问题时，让他们再仔细考虑一下这些问题。要求他们提供更多的信息和实例，鼓励他们去描述，让他们作出尽可能多的答案，而不是只停留在某个唯一"正确"的答案上。

让学生们评估他们的发言。各组可以列出他们的优点和缺点。

当然，所有这些必须由教师或家长组织练习并且使之与参加活动的学生们的层次相适应。一旦你与学生们就某项活动的讨论获得成功，学生们就可以重复这项活动，这样做给学生们提供了应用理论的机会。每进行一项活动，他们都会在更深的层次进行研究，获得新的发现，使理论得到强化。循环学习法的最后阶段可以作为一项新的活动的起点。学生们可以通过进行新的活动来扩充现有理论。

出版《科学探索小实验系列丛书》的目的就是为了鼓励这些学生。更重要的一点是，要让家长、教师和学生把握什么才是真正的科学。仅仅为了完成教学任务，而"填鸭式"地将知识灌输给学生，从长远意义上来说，是对学生是有害的。学生科学认识能力的提高，并不在于学了多少，而是要看学习的方法。《科学探索小实验系列丛书》鼓励培养学生对科学的洞察力，对概念的理解能力和高度的思维技巧。

十个基本步骤掌握科学方法

要用科学的方法组织科研活动。使用科学的方法就像侦探调查神秘的案子一样。科学的方法实际上是组织调查研究的计划。它实际上不是一整套需要遵循的程序，而是一种提问和寻求答案的方法。

1. 确定问题。决定你究竟想了解什么。尽管开始时可以产生几个相关的问题，但最终要把它们归纳成一个可以进行初步探究的具体问题。你无法用真正的火箭去做实验，但是却可以用气球来研究火箭的工作原理。

2. 收集与问题相关的信息资料。这部分属于研究的范畴。研究可以激发直觉的产生，而直觉又在科学研究中起到了关键的作用。直觉是在大脑下意识地作用于积累的经验时产生的，它随时随地都会出现。尽管大多数情况下直觉是错误的，但它也有正确的可能。因此我们必须通过实验来验明真伪。

3. 接下来对问题的答案进行猜测。这一步被称为"假设"。

4. 找出变量，即那些可以改变和控制的东西。这通常是科学方法中最难的部分。它要求对假设进行仔细的分析。在不同的试验中，至少有一个变量需要改变。同时，无论你在改变的变量重要与否，总有一些变量得保持不变。例如：你正在研究用盐水浇灌植物的效果。你手中有两株植物，你用完全相同的办法培育它们：同样的种子、土壤、日照和温度等，这些是控制不变的变量。这两株植物唯一的区别是其中一株是用自来水浇灌的，而另一株则是用盐水浇灌的，这些就是被控制变化的变量。

5. 决定回答问题的方法。详细写出你要做的每一步，不要假设或省略那些似乎"明显"的步骤。

6. 准备好所需的材料和设备。

7. 进行实验，记录数据。一定要准确测量和记录数据。通过重复实验来检查数据的准确性是很有用的。

8. 对比实验结果和假设。看二者是否吻合，假设没有正误之分，只有是否被支持的区别，无论怎样，你都会有所收获。

9. 作出结论。结论通常要回答更多的问题，如活动结果如何？说明了什么？活动是否有价值？怎样产生价值的？你学到了什么？你需要进一步研究什么？

10. 向别人公布你的发现。科学家们互相探讨他们的发现，使理论日趋完善。以交换智慧为目的，科学家们已经建立了全球范围的网络，来促进彼此间的交流。这给人们留下了深刻的印象。牛顿曾说过如果他看得更远一些，那是因为他站在了巨人的肩膀上。我们许多人熟知这个典故，但是却忘了问怎样才能找到巨人的肩膀并被它的主人所接纳。虽然我们对此不以为然，但是这种行为确实是十分特别和重要的。

当你使用科学的方法时，切记它不过是一个总体的计划，而不是什么定规。科学家真正进行科研的过程与我们所描述的科学工作往往有许多出入。我们在描述中往往略去了研究工作中的遇到的许多挫折和错误。而正是被经常忽略的部分才是真正的充满挑战和挫折，令人兴奋的探索科学之路。

不对科学说"NO"

——写给致力于科学研究的女学生们

许多学生和成年人仍然认为科学研究不适合女性做。社会中某些微小的信息可以产生巨大的影响。在北美，女性占从事科研和工程劳动力的10%还不到。在社会对妇女就业采取明显限制的沙特阿拉伯，只有5%的女性从事与科研相关的职业。而在社会观念完全不同的波兰，则有60%的妇女从事科研活动。

如果我们要加强对青年女性的科学教育，那么必须及早入手——按照《科学探索小实验系列丛书》中所定的年龄阶段开始。研究结果表明，男女学生在对科学研究的成就、态度和兴趣等方面的差异在中学时期就已经明朗化。过了四年级以后，女学生就很少会像男孩一样对科学感兴趣，选修自然科学课并在科研活动中获得成功。

可以用实例来驳斥科学领域中男尊女卑的偏见。作为女孩的榜样，从化学家、物理学家居里夫人（Marie Curie）到宇航员罗伯特·邦达（Roberta Bondar），都应该作为科学活动的背景知识介绍给学生们。女科研教师或对科学感兴趣的母亲，都能成为有说服力的榜样。

有时，女孩似乎无意之中就陷入了科学研究中的"女性"领域，如对植物和环境的研究。要鼓励女孩去从事包含电学和磁力学在内的"男性"活动。应该给女孩们更多的时间和关注，让她们逐步熟悉传统上的"男性"器材（如电池、电路或罗盘）。不要强制她们去学习物理等学科，但是要给她们提供一个探索这些学科的机会，以便使她们能够做出明智的选择。

"男性"科学和"女性"科学教学技巧的侧重点不同。研究表明，在物理和化学教学中，解决问题方法很受欢迎，而在生物学中，理论教学和有指导的实验方法更受青睐。女孩通常对更为随便的处理型方法感到畏惧，因此放弃了解决问题的方法。

许多教育家认为，能够用大脑操纵空间的一个物体，使其旋转，以及建造三维立体模型的能力都是科学研究中必不可少的技能。研究人员对男孩与女孩在空间能力差异的程度和性质方面存在着分歧。大多数研究表明，空间能力的差异要到十四五岁时才出现。产生差异的原因主要是来自社会和教育方面的因素，而不是由先天的基因决定的。要鼓励女孩多做一些能够培养空间能力的活动（如用纸做三维几何模型）。

《科学探索小实验系列丛书》中的活动是为所有学生设计的——无论是男孩还是女孩。作为一条总的原则，当指导学生们进行《科学探索小实验系列丛书》中的活动时，要有意识地培养女孩去积极参与。研究显示女孩乐于扮演观察员或记录员的被动角色，而男孩则愿意扮演领导者。在教室中解决此问题的办法之一是把学生们按性别分组，进行科研实验。伟大的科研项目将从这里开始。《科学探索小实验系列丛书》会帮助你拓宽思路，并据此深入钻研。

　　《科学探索小实验系列丛书》中有许多值得思考的问题，这些问题为从事科研项目打下了基础。太多的学生以及他们的家长和教师认为科研项目就是要制造一些东西，如收音机或火山。但实际上科研项目是关于对科学的研究，即从问题入手，并用科学的方法去解决这些问题。

目　录

极简热身

复 杂 运 动

情景再现

极简热身

热身进行时

世界上的事物可以划分为两类：

物质的能量，世上的一切，二者必居其一。

世界上最著名的公式之一就是 $E=mc^2$。其中 E 代表能量，m 代表体积，c 代表光速。爱因斯坦归纳这个公式，仅为了说明物质和能量是相互转化的。

物质由无数被称为原子的微粒组成。在一滴水中有 10^{21} 以上个原子。

你能够剥去一个已熟的鸡蛋的外壳而不打碎鸡蛋吗？居然得用一些醋和罐子。把鸡蛋在装有醋的坛子内放一夜。第二天外壳就会消失而剩下一个腌蛋！鸡蛋

壳的主要成分是钙，醋中的酸能溶解鸡蛋壳而留下鸡蛋。

试用豆粒做建筑材料，把一些干豆粒浸泡一夜，用牙刷柄做结构框架用豆粒作联转物，你就能建造任何物体——房屋桥梁、分子、几何构形。当你建成以后，豆粒风干。这时豆粒就会收缩把牙刷柄结构固定下来。

物质根源探寻

什么是物质，什么又不是物质呢？找一些物质让你的同伴通过触觉猜一猜是什么。

材料：无。

步骤：

1. 不用解释物质是什么，直接提出要求：找一些物质，别让任何人看到。可以在周围找到一种物质——一支铅笔、一本书、一只鞋、一缕头发、一个苹果。

2. 每个人都可以闭上眼睛试着猜一猜同伴的物体。

3. 在每个人都猜过之后，检验所有的物体。有什么不是物质的东西吗？解释物质是什么，并说明它是无所不至的。

4. 变化：进行竞赛。每个人都在一定时间内，如3分钟找到具体某些特征的物质（如：硬而粗糙的，硬而光滑，大得用一只手握不住的，小得可以放在一个手指上的。）然后就可以猜到这些物体了。

能使事物发生变化。它有多种形式，其中有些形式的能由于被人们用来感知周围的世界，因此更加显而易见。人们每天看到的光，就是一种能。人们听到的声音是另一种能。当你站在火堆前面时，可以用皮肤来感受能，运动和电是我们每天都使用的另外两种形式的能。

话题：物质的状态　原子　感官

岩石牡蛎、手纸、飞机都有些共同之处。它们都是物质——某种占有一定空间并有一定质量的东西。如果某物不是物质，那么它就是能量。所有生死的物质或非生物都是由原子构成的。原子是微观的物质分子结构。假设你能得到一切想得到的——岩石、牡蛎、手纸或飞机——并把它分割开。假设你能不断把它分割，甚至到了肉眼无法识别的程度。你就后得到的就是原子。宇宙产生时起，各种原子存在至今，并随宇宙消失而消失。当任何新事物在世界上出现时，只是旧的原子在以新的方式进行排列。物质既不能创造也不能消失。

罐子与水的故事

固体液体或气体是物质存在的三种状态。用人做一个物质模型，来说明能量是如何对这三种状态产生的影响的。

材料： 胶带。

步骤：

1.用胶带在操场上围一个大的正方形，在一边上留开口，标出区域代表一个打开的罐子，人们装作是罐子里的水，每个人作的固体（冰）变成液体（水）再变成气体（蒸汽）过程中的一个原子。注：这是一个简化了的模型，实际上水是由一组原子组成的（即一个水分子是由两个氢原子和一个氧原子结合而成的。）

2.开始的时候大家紧靠在一起站在罐子的底部，（与开口相反的一端）："你们是在冰的状态下的原子，是结冰的固体，不过看一下太阳马上就 出来了！"

你们开始感觉到暖和了。

3.大家轻微地向两边摇摆，代表原子在振动："你们已经能感觉到热量了，你们开

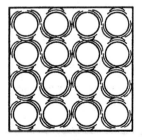

固体

始前后摇摆，你们摇摆的程度更大一些，你们正在融化，你们正在变成液体。"

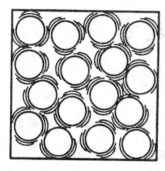

液体

4.大家都继续摆动，同时也开始慢慢移动："你们现在是液体，在你们移动的同时前后晃动，你们排成行在罐子底部缓缓地移动，你们是罐子里的水。"

5.在"罐口"附近的几个"原子"挣脱出去："现在变得更热了，有人正把罐子放在大火炉的上面，你前后摇摆得更加厉害了，你们中的几个人从罐口蒸发掉了，你在罐子的外面移动得很快。"

6.大家摇摆得更厉害了（你向一个方向深弯腰，然后再转向另一面）并继续移动，直到走出这个"罐子"："嗨，可真够热的了，你们都沸腾了，你们正从罐子中飘到空气中去。"

7.大家现在在"罐子"的外面快速的移动着。"你们现在是气体了，你们到处快速地移动着，在你接触到其他物体之前，以直线运动，撞到别的物体之后，你反弹出去，并沿着一个新的方向移动，以直线的形式。"

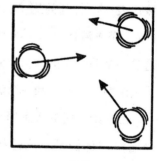

气体

8.重复这个过程，在罐子里从液体变成固

话题：物质的状态　原子　能量

热能能够使物质由一种状态转换成另一种状态，一类物质的某种特定状态取决于这类物质本身的性质和温度。

"固体"能够保持自身的形状，固定的原子（或分子）在固定的位置振动。当加热的时候，原子的运动加速，当到达一个被称作"熔点"的温度时，原子振动加大脱离了它们原来的固定位置，于是固体就变成了液体。

液体仍保持着它的体积（它们占据的空间），但是形状上与盛装它们的容器相同，液体原子仍然在振动，不过也缓缓地移动。当加热的时候，表面附近的一些原子振动加大，脱离了液体（蒸发）。在一个被称作"沸点"的温度上，液体里的所有原子振动都加大了，气体冒到表面，这时液体完全的变成了气体，气体没有固定的体积，但它占据了盛装它的容器的体积，气体分子快速地移动着，它们之间的距离更远，当气体被加热时，原子运动得更快。

疯狂的石块

它们出发了？把大理石块丢入不同种类的液体当中，看大理石块在哪种液体中下落的速度最快。

材料：

4块体积相同的大理石块；四只水杯或试管；水；食用油；蜂蜜；黏稠、透明的洗发水。

步骤：

1.在4个玻璃杯或试管中分别装入水，食用油、蜂蜜、洗发水的一种。

2.4个人，每个人手中拿一块大理石块，放在玻璃杯或试管上面。

3.当数到"三、二、一，撒手！"时，松开抓着石块的手，大理石块沉入液体中，哪块石头在液体中沉降的速度最快，获得比赛的胜利？

话题：物质的状态　力　科学方法

　　并非所有的液体都是一样的，不同的液体有不同的"黏滞性"。有些液体流动得快，另外一些流动得慢。液体的凝黏滞性阻止它的流动（或倾泻）黏滞得高的液体流动得慢，通常比较黏稠，而黏滞度低的液体流动的速度快而通常比较稀薄，大理石块在液体中的下落速度与液体的黏滞性有关液体的黏滞度越高，石块下降的速度就越慢，液体的黏滞性是由于液体分子之间相互运动而产生的内部摩擦而产生的，液体分子相互作用得越大，液体的黏度就越大。

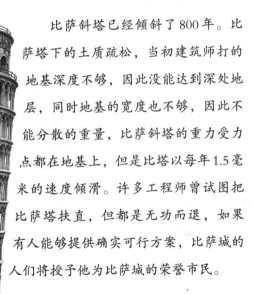

　　比萨斜塔已经倾斜了800年。比萨塔下的土质疏松，当初建筑师打的地基深度不够，因此没能达到深处地层，同时地基的宽度也不够，因此不能分散的重量，比萨斜塔的重力受力点都在地基上，但是比塔以每年1.5毫米的速度倾滑。许多工程师曾试图把比萨塔扶直，但都是无功而退，如果有人能够提供确实可行方案，比萨城的人们将授予他为比萨城的荣誉市民。

"不可能的物体平衡"

物质受万有引力定律影响，下面这些平衡的绝技似乎对万有引力定律提出了挑战。

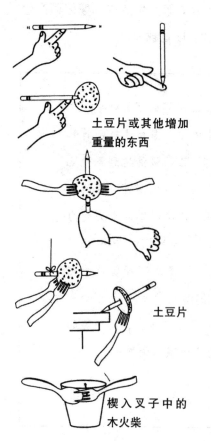

土豆片或其他增加
重量的东西

土豆片

楔入叉子中的
木火柴

材料： 铅笔；叉子；汤匙；水杯；火柴；线绳；土豆。

步骤：

1. 通过一支铅笔或钢叉在你的手指上平衡，来找到使物体平衡的感觉。（重心）位于铅笔或钢叉处于水平位置的点上。

2. 试着去做本页图中所示的甚至平衡绝技。

话题：力　地球

　　故事是这样的，一天，当艾萨克·牛顿爵士在他的花园里的时候，一个苹果从树上掉下来，落到他的头上。这位伟大的科学家马上就开始思考是什么原因使苹果落下来，而非常幸运的是头上的太阳、月亮和其他的恒星仍在空中，并没有像苹果一样落下来的迹象，这个问题的答案是重力的作用。物质受地球重力的影响，一个物体的"重量"既包括它的"质量"物质受重力的影响（物质的多少又包括它们受到吸引力的大小）。在月球上，物体与它在地球上的质量相同，但它的重量要比在地球上的小，这是因为月球的吸引力没有地球上的吸引力大，在物体平衡这一现象中，重力起到了作用。

　　如果所有的物体都没有重量的话，那么保持平衡就不成问题了。为了保持平衡，物体必须面临下面的危险：为了下落，周围必须有重力，使物体有重量（即把它们向下移动），物体的平衡性取决于它的质量的分配，每件物体上都有一个点或者是上方的时候，物体保持平衡，例如：在一个由叉子、汤匙、火柴和玻璃杯组成的装置中，叉子和汤匙的重力中心点在两个手中间的一点上，当叉子和汤匙的重力中心点位于支撑点（火柴搭在玻璃杯边上的位置）的正下方时，火柴上的叉子和汤匙就保持了平衡。

名人堂

牛　顿　　　　　　　　　万有引力的发现

17世纪早期，以开普勒等天文学家对天体的观察和研究，取得了许多重大成果。开普勒对这些天文观测进行了总结，发现了开普勒三大定律。同时，伴随天文学的发展而出现的关于天体运行的问题也吸引着牛顿。

那时，人们已经能够区分很多力，比如摩擦力、重力、空气阻力、电力和人力等。牛顿首次将这些看似不同的力准确地归结到万有引力的概念里，苹果落地、人有体重、月亮围绕地球转，所有这些现象都是由相同原因引起的。牛顿的万有引力定律简单易懂，涵盖面广。

牛顿出生在英格兰林肯郡的小镇乌尔斯普，他的天才很早就展现出来。1661年，牛顿中学毕业后考入英国剑桥大学三一学院。大学期间，由于在中学打下了良好的数学基础，再加上的自己刻苦钻研，牛顿的学习成绩突飞猛进，深受导师的喜爱，导师也将自己的专长，毫无保留地传授给了牛顿。1665年，牛顿大学毕业，获得学士学位，并留校从事研究工作，从此走上了科学研究的道路。就在这一年秋，伦敦发生了可怕的瘟疫，剑桥大学关门，牛顿回到了家乡。在家乡的18个月，可以说是牛顿一生中最重要的时期，几乎他所有最重要的研究成果就是在这个时期奠定的基础，而牛顿研究苹果落地的故事，也发生在这一时期。

在乡村的日子里，牛顿一直被这样的问题困惑：是什么力量驱使月球围绕地球转？地球围绕太阳转？为什么月球不会掉落到地球上？

为什么地球不会掉落到太阳上？坐在姐姐的果园里，牛顿听到熟悉的声音，"咚"的一声，一只苹果落到草地上。他急忙转头观察第二只苹果落地。第二只苹果从外伸的树枝上落下，在地上反弹了一下，静静地躺在草地上。这只苹果肯定不是牛顿见到的第一只落地的苹果，当然第二只和第一只没有什么差别。苹果落地虽没有给牛顿提供答案，但却激发这位年轻的科学家思考一个新问题：苹果会落地，而月球却不会掉落到地球上，苹果和月亮之间存在什么不同呢？

第二天早晨，天气晴朗，牛顿看见小外甥正在玩小球。他手上拴着一条皮筋，皮筋的另一端系着小球。他先慢慢地摇摆小球，然后越来越快，最后小球就径直抛出。牛顿猛地意识到月球和小球的运动极为相像。两种力量作用于小球，这两种力量是向外的推动力和皮筋的拉力。同样，也有两种力量作用于月球，即月球运行的推动力和重力的拉力。正是在重力的作用下，苹果才会落到地上。

牛顿认为，重力不仅仅是行星和恒星之间的作用力，有可能是普遍存在的吸引力。他深信炼金术，认为物质之间相互吸引，这使他断言，相互吸引力不但适用于硕大的天体之间，而且适用于各种体积的物体之间。苹果落地、雨滴降落和行星沿着轨道围绕太阳运行都是重力作用的结果。

当时人们普遍认为，适用于地球的自然

牛顿发现万有引力的的苹果树

定律与太空中的定律大相径庭。牛顿的万有引力定律沉重打击了这一观点，它告诉人们，支配自然和宇宙的法则是很简单的，并是一致的，那就是物体间相互作用的一条定律，"任何物体之间都有相互吸引力，这个力的大小与各个物体的质量成正比例，而与它们之间的距离的平方成反比"。这就是著名的万有引力。牛顿在1666年的著作中发表了这一震惊世界的伟大发现，而他当时只有24岁。

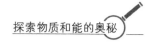

倔强的直绳子

无论你如何用力拉紧绳子的两端，你就是无法把它拉直。

材料：

一本较沉的书和一个带有把手的盖子；里面装满水的塑料壶；2—4米长的结实的线绳。

步骤：

1. 把书或壶把儿系在绳子的中间。

2. 一个人握住绳子的一端，另一个人握住绳子的另一端，向你提出的挑战是用力拉绳子的两端，使绳子成为一条直线。

3. 绳子在中间位置总是稍微下重一点，你有办法通过"作弊"来把绳子弄直吗？（暗示：书或水壶不再旋在空中）

■■■ 话题：力　地球

你可以把能量转化成反作用于重力的力。在本项活动中，开始时书的重量使线绳下垂了许多，当你开始拉线绳的时候，你对书同时施加了一个水平的力和一个垂直的力，垂直的力把书向上拉，不过在书不断升高的过程中，绳子变得越来越水平。通过拉绳子而产生的垂直的力逐渐减小直到书本不再升高为止，这样，你和重力在控制这种局势的比赛中旗鼓相当，平分秋色。

在一个透明的容器中装入一半水。把容器倾斜到任何一个角度，水的表面仍保持水平状态。水（和地球上的其他物体）被一种叫作重力的看不见的力量吸向地球的中心，在一些地方，由于岩石阻止水流的下渗，它们只能停留在地面，因而形成了河流、湖泊和海洋，不同种类的岩石使水渗透下去，地球上所有的水最终沉降在它所能够达到的最低点。

水桶转转转

旋转一个水桶，想办法使放在水里面的纸不会掉出来，如果你真的很勇敢，那么用水代替纸来玩一下这个戏法吧！

材料：水桶或塑料桶；绳子；几张信纸大小的纸。任选——水。

步骤：

1.把几张纸揉成很紧的纸团，把纸团放到一个桶里。

2.伸直胳膊，以肩为轴旋转水桶，所达到的目标是转圈地摇摆水桶，而不使里面的纸团掉出来。

3.试着以不同的速度旋转水桶，当你旋转速度放慢时，会出现什么情况？在不使纸团从桶中掉出的前提下，你旋转的最慢速度是多少？

4.试着在桶上加一段绳子，看你旋转得多快，才能使纸团不能从桶中掉出来。试着用不同长度的绳子来旋转。

5.变化：用水来代替纸团。在装满半桶水的情况下旋转，然后在几乎全部装满的条件下旋转。由于水量的不同，在旋转速度上需要哪些变化？

找一个广口瓶和一个乒乓球，把瓶倒放在桌子上，乒乓球放在瓶的里面，呈圆形摇摆瓶子，乒乓球会沿着瓶子的边缘滚动并随着它的旋转爬升到瓶子里面，继续旋转并使瓶子离开桌面，乒乓球仍然在瓶子里，这是为什么呢？乒乓球的惯性使其以直线运动与由瓶子施加给它向内的力量（向心力）相互作用。这种力使乒乓球以环形运动。

话题：力

运动中的物体将继续做直线运动。这被称作"惯性"，是环形运动的物体受到向你的拉力（如果没有力将物体向你拉动，它将做直线运动），这种向内的力量被称为"向心力"当你乘坐汽车以高速转弯时，你会受到向心力，你的身体保持沿直线向前运动，但当你向车门倾斜时，向车门施加了向心力。这种向心力使你的身体随汽车转过弯路（如果没有车门的话，你将会从车中飞出去！）向心力使纸或水停留在旋转的桶里，当你开始旋转水桶时，里面的纸／水欲脱离你做的直线运动。由桶施加的向心力反作用于与纸／水的惯性，使其做环形旋转。桶旋转得越快，向心力也就越大。

带电的柠檬

柠檬除可以食用外，还能用来做什么呢？你只要有一点基本的知识和一些电线，就可以用它来发电！

材料：

新鲜的柠檬；短裸铜线（测试铜线的办法：它不被磁场吸引了干净的钢制回形针）。任选——电流计（测试电流）；马铃薯；洋葱；苹果；橘子；果汁。

步骤：

1. 把一个回形针（曲别针）弄直，然后把一端穿过果皮，插到柠檬的果肉里。

2. 把一段与回形针长度大体相等的铜线穿过果皮，插到柠檬果肉里，使其与回形针相距大约2厘米。

3. 把电线在柠檬外面的一端弯向回形针的另一端，让这两端同时触到你的舌头上。重复几次，你感觉到轻微的刺痛吗？

4. 变化：把电线和纸类连在电流计上。

5. 扩展活动：试着用马铃薯、洋葱、苹果和橘子做上述活动。然后比较一下电流计上的读数，再把回形针电线放在果汁里，试一试。

话题：电　原子　化学反应

基本上所有的物质都是带电的，所有物质的原子是由带电荷的叫作"电子"的微粒和带正电荷的原子构成的。电子的流动提供了我们用来点灯和为计算机用的电，因为所有的物质都含有电子，所以没有必要（或不可能）去"制造"电。你所要做的就是推动电子前进。当你把两股电线插进柠檬里时，柠檬汁促使电子在两根电线之间流动。湿润的舌头为流动的电子提供了通路，电流从你的舌头上通过，你感觉到刺痛就是电流的作用。

名人堂
本杰明·富兰克林（Benjamin Franklin）

本杰明·富兰克林，18世纪美国最伟大的科学家和发明家，著名的政治家、外交家、哲学家、文学家和航海家以及美国独立战争的伟大领袖。他一生最真实的写照是他自己所说过的一句话"诚实和勤勉，应该成为你永久的伴侣。"

1706年1月17日，本杰明·富兰克林出生在北美洲的波士顿。他的父亲原是英国漆匠，当时以制造蜡烛和肥皂为业，生有十七个孩子，富兰克林是第十五个孩子，第十个而且还是最后一个儿子。富兰克林八岁入学读书，虽然学习成绩优异，但由于他家中孩子太多，父亲的收入无法负担他读书的费用。所以，他到十岁时就离开了学校，回家帮父亲做蜡烛。富兰克林一生只在学校读了这两年书。十二岁时，他到哥哥詹姆斯经营的小印刷所当学徒，自此他当了近10年的印刷工人，但他的学习从未间断过，他从伙食费中省下钱来买书。同时，利用工作之便，他结识了几家书店的学徒，将书店的书在晚间偷偷地借来，通宵达旦地阅读，第二天清晨便归还。他阅读的范围很广，从自然科学、技术方面的通俗读物到著名科学家的论文以及名作家的作品都是他阅读的范围。

富兰克林

　　詹姆斯开始出版《新英格兰周报》，这引发了富兰克林对新闻的浓厚兴趣。他经常在晚上把自己用化名写成的短文塞进印刷所的门缝里，当听到专业人士对那些文章的赞赏后，他总是独自窃喜。他曾写过一篇主祷文，自以为无论从文体，还是从神学理论角度来看，都超过了《圣经》中的主祷文；他重写了公祷文，并且出版了几册；他还编撰了一则有关受宗教迫害的寓言，并告诉朋友们那是《圣经》中他们从来没有读到过的一个章节。富兰克林在16岁时通过模仿英国文学期刊《旁观者》上的短文，形成了自己的散文风格，并用一个颇具讽刺意味的笔名"寂寞的行善者"发表了14篇文章。读者们一直以为作者是位具有道德感的孤家寡人，55年后富兰克林在自传中首次披露了这段写作经历。

　　1723年10月，作为学徒的富兰克林由于不满哥哥的严格管理，逃离了波士顿。在纽约短暂停留后，17岁的富兰克林来到了费城。不久，他当上了印刷工助理，然后给父母写了封信，说明自己的情况和离家出走的原因。结果这封信出人意料地被宾夕法尼亚总督基思爵士看到了。基思对这封信的文体非常赞赏，并亲自写信给在塞缪尔·凯姆尔印刷所打工的富兰克林，建议他开创自己的印刷业。然而，基思爵士是个很难守信的人。当富兰克林专程前往伦敦购置印刷字模、联系业务时，才发现总督并没有向他提供曾经许诺过的信用状和介绍信。此时进退两难的富兰克林不得不选择留在英国，在接下来的两年里他始终保持清醒的头脑，在生活上极其节俭，在工作中勤勉上进，同时还兼职游泳教练以增加收入。

20岁时，富兰克林返回费城。在船上，他写下了自己的人生计划，决定以"节俭、诚实、勤奋和得体"作为人生的信条。1730年，富兰克林和另一名学徒一起开始创办自己的印刷所，出版费城第一份报纸《宾夕法尼亚报》，大获成功。随后印刷所的业务源源不断。在他们的出版物中包括美国第一本医学专著和第一部小说。同时他们还负责印刷当地的纸币。在克服了重重困难之后，富兰克林终于成为了真正的企业家。

富兰克林与费城同步发展着。当费城发展成为美国最重要的城市时，富兰克林在文学和出版业方面也获得了巨大成功。他发表了《穷理查年鉴》（又译《格言历书》Poor Richard's Almanac，1732—1758），与18世纪的其他历书一样，这本书中包含了日历表、阴历图、节假日、集市日，还有家用食谱、天气预测、生活格言等等，与众不同的是富兰克林在书中的精彩补白部分。多年来，富兰克林一直在年鉴的每一页空白处记录下自己创作的成语、插图和寓言，这些浅显、朴实的人生智慧使他战胜了所有的竞争对手，《穷理查年鉴》成为13个殖民地区的畅销书。对许多读者来说，除了《圣经》他们只看富兰克林的年鉴，因为"穷理查"教导人们勤奋工作、诚实守信，同时对事物持有健康的怀疑态度。

富兰克林创建了"皮围裙俱乐部"。年轻人经常在这里交流各自的读书乐趣、畅谈理想和个人发展。此外，俱乐部成员也为城市发展出谋划策。富兰克林要求组建消防队，并且建议设立付酬的城市看守员，日后这一建议带来了费城的第一批警察。通过努力，他还为费城建造了第一所医院以及后来发展为宾夕法尼亚大学的费城学院。

富兰克林是精明能干的商人，同时又是极度慷慨的科学家。他在发明高效取暖炉后，拒绝申请专利，并且声称发明应该为公众利益服务。富兰克林的乐善好施出于他的集体天性和宗教信仰，善待人类是他认为最神圣的事情。他有许多发明，如静电发生器、漂亮的古玻璃琴等等，其中最重大的发明是避雷针，这是他广泛实验后的成果。富兰克林精心设计了避雷针的大小、地面设备的类型以及如何将其与建筑物连接，直到今天避雷针仍基本保持了他当年的设计。

1736年，富兰克林当选为宾夕法尼亚州议会秘书。1737年，任费城副邮务长。虽然工作越来越繁重，可是富兰克林每天仍然坚持学习。为了进一步打开知识宝库的大门，他孜孜不倦地学习外国语，先后掌握了法文、意大利文、西班牙文及拉丁文。他广泛地接受了世界科学文化的先进成果。为自己的科学研究奠定了坚实的基础。

18世纪40年代，富兰克林在电学理论上取得了突破。当时的人们知道莱顿瓶，知道怎样将电储存在那里面，知道会产生电击，但却不知道电到底是什么，电击又是如何发生的。富兰克林试图通过实验确立电力的工作原理，寻找存储电力和应用电力的方法。他最早提出了电流的理论，认为电会沿着导体从正极流动到负极。他创造的许多专业词汇直到今天我们还在使用，如正电、负电、电池等等。

而富兰克林最大的成就在于，他相信闪电现象实际上是另一种源自莱顿瓶的电火花，只是在形式上更猛烈而已。为了证明这个理论，他用风筝和钥匙进行实验。富兰克林具有一种将基本原理转化成简单实验的天赋。他先是制作了两张表格，列出了电和闪电的各自特征，然后进行比较，发现二者很相像，于是就开始实验。富兰克林认为，要证明闪电理论的唯一方法是在教堂尖顶上竖一根导体，可惜教堂的最高点仍然不够高。1752年夏季，在天空乌云密布时，富兰克林和儿子威廉做了只风筝放到空中。很快富兰克林就注意到牵引风筝的线绳开始分裂，这说明有电荷产生。于是他在牵引线上挂了把钥匙，摩擦指关节后与钥匙接触，结果火花出现了，这证明闪电实际上就是大量的静电。富兰克林的理论后来被法国人证实，奠定了他的科学家地位。从此，人类历史上诞生了一句名言，描绘他的这一成就，"他从天空抓到了雷电，从专制统治者手中夺回了权力"。

富兰克林作为政治家和外交家的声望，对他取得科学上的成就非常有益。然而，美国、英国和法国的不少神职人员也开始谴责富兰克林。他们坚持认为闪电是上帝惩罚罪人的方式，人类根本不能干预。理性的富兰克林对此嗤之以鼻。事实上，他的电学理论和避雷针的实际功能已经得到了越来越多的认同。富兰克林成为在欧洲最出名的美国人，人们都知道他是一个征服了闪电的人。

富兰克林在哲学上拥护自然神论，承认自然界的存在及其客观性。他也是最先有意识地用劳动时间来确定生产价值的人。富兰克林预言美国人口是按几何级数增加的，平均每25年增长1倍。这预言已为美国政府在上一世纪的人口普查所证实。富兰克林电学著作和论文有：《电的实验与观测》《对于导电物质的性质与效应的见解和推测》《在美国费城所进行的关于电的实验与观测》《论闪电与静电的同一性》等。

1746年，一位英国学者在波士顿利用玻璃管和莱顿瓶表演了电学实验。富兰克林怀着极大的兴趣观看了他的表演，并被电学这一刚刚兴起的科学强烈地吸引住了。随后富兰克林开始了电学的研究。富兰克林在家里做了大量实验，研究了两种电荷的性能，说明了电的来源和在物质中存在的现象。在18世纪以前，人们还不能正确地认识雷电到底是什么。学术界比较流行的是认为雷电是"气体爆炸"的观点。在一次试验中，富兰克林的妻子丽德不小心碰到了莱顿瓶，一团电火闪过，丽德被击中倒地，面色惨白，足足在家躺了一个星期才恢复健康。这虽然是试验中的一起意外事件，但思维敏捷的富兰克林却由此而想到了空中的雷电。他经过反复思考，断定雷电也是一种放电现象，它和在实验室产生的电在本质上是一样的。于是，他写了一篇名叫《论天空闪电和我们的电气相同》的论文，并送给了英国皇家学会。但富兰克林的伟大设想竟遭到了许多人的冷嘲热讽，有人甚至耻笑他是"想把上帝和雷电分家的狂人"。富兰克林决心用事实来证明一切。

1752年7月的一天，阴云密布，电闪雷鸣，一场暴风雨就要来临了。富兰克林和他的儿子威廉一道，带着上面装有一个金属杆的风筝来到一个空旷地带。富兰克林高举起风筝，他的儿子则拉着风筝线飞跑。由于风大，风筝很快就被放上高空。刹那，雷电交加，大雨倾盆。富兰克林和他的儿子一道拉着风筝线，父子俩焦急地期待着，此时，刚好一道闪电从风筝上掠过，富兰克林用手靠近风筝上的铁丝（另一个说法是铜钥匙），立即掠过一种恐怖的麻木感。他抑制不住内心的激动，大声呼喊："威廉，我被电击了！"随后，他又将风筝线上的电引入莱顿瓶中。回到家里以后，富兰克林用雷电进行了各种电学实验，证明了天上的雷电与人工摩擦产生的电具有完全相同的性质。富兰克林关于天上和人间的电是同一种东西的假说，在他自己的这次实验中得到了光辉的证实。风筝实验的成功使富兰克林在全世界科学界的名声大振。英国皇家学会给他送来了金质奖章，聘请他担任皇家学会的会员。他的科学著作也被译成了多种语言。他的电学研究取得了初步的胜利。然而，在荣誉和胜利面前，富兰林没有停止对电学的进一步研究。

关于这个"天电"实验一直存在质疑，富兰克林本人也从未正式承认做过这个实验，"探索频道"的《流言终结者》节目通过人造环境模拟实验得出结论，如果按照传言中的方式用风筝引下雷电，富兰克林肯定会被当场电死，而不可能只是"掠过一阵恐怖的麻木感"。尽管对富兰克林是否做过风筝实验存在争议，但他是在1750年第一个提出用实验来证明天空中的闪电就是电的科学家，即使他做过风筝实验，也肯定不会和传言中的一样。

1753年，俄国著名电学家利赫曼为了验证富兰克林的实验，不幸被雷电击死，这是做电实验的第一个牺牲者。血的代价，使许多人对雷电试验产生了戒心和恐惧。但富兰克林在死亡的威胁面前没有退缩，经过多次试验，他制成了一根实用的避雷针。他把几米长的铁杆，用绝缘材料固定在屋顶，杆上紧拴着一根粗导线，一直通到地里。当雷电袭击房子的时候，它就沿着金属杆通过导线直达大地，房屋建筑完好无损。1754年，避雷针开始应用，但有些人认为这是个不祥的东西，违反天意会带来旱灾。就在夜里偷偷地把避雷针拆了。然而，科学终于将战胜愚昧。一场挟有雷电的狂风过后，大教堂着火了；而装有避雷针的高层房屋却平安无事。事实教育了人们，使人们相信了科学。避雷针相继传到英国、德国、法国，最后普及世界各地。富兰克林对科学的贡献不仅在静电学方面，他的研究范围极其广泛。在数学方面，他创造了8次和16次幻方，这两种幻方性质特殊，变化复杂，至今尚为学者称道；在热学中，他改良了取暖的炉子，可以节省3/4的燃料，被称为"富兰克林炉"；在光学方面，他发明了老年人用的双焦距眼镜，戴上这种眼镜既可以看清近处的东西，也可看清远处的东西。他和剑桥大学的哈特莱共同利用醚的蒸发得到零下25度（摄氏）的低温，创造了蒸发制冷的理论。此外，他对气象、地质、声学及海洋航行等方面都有研究，并取得了不少成就。

正当富兰克林在科学研究上不断取得新成果的时候，美国独立战争的势头愈演愈烈。为了民族的独立和解放，他毅然放下了实验仪器，积极地站在了斗争的最前列。富兰克林一开始企图与英国政府达成某种妥协，但执政者置之不理。当他明白《印花税法案》将影响英美间的关系后，坚定地提出必须废除这一法案。

从1757到1775年他几次作为北美殖民地代表到英国谈判。独立战争爆发后，他参加了第2届大陆会议和《独立宣言》的起草工作。1776年，已经七十高龄的富兰克林又远涉重洋出使法国，赢得了法国和欧洲人民对北美独立战争的支援。1787年，他积极参加了制定美国宪法的工作，并组织了反对奴役黑人的运动。

1766年2月13日，富兰克林来到众议院论述废除《印花税法案》的理由。在长达4小时的时间里，面对着众议员富兰克林答复了174个问题。后来英国哲学家伯克描述了这场戏剧性的答辩，说那就像是一位大师在回答一群学生的提问。富兰克林提醒议会，美国人一直把自己视为英国人，只要他们受到尊重就会一如既往地支持英国。几星期后《印花税法案》被废除，美国人把富兰克林视为英雄。但是英国并没有放弃向殖民地征税的想法，不久新税种又出现了。为了强制征税，英国甚至派遣部队进驻美国，费用自然由殖民地居民承担。局势再度紧张。富兰克林预料形势将会恶化，一场殖民地居民和英国人之间的战火即将点燃。不久波士顿人和英国士兵之间发生了口角，双方先是互掷雪球，结果却导致5人丧生。波士顿人被激怒了，他们将600磅的英国茶叶倒入港口。几年前美国人几乎不会想到"独立"这种字眼，但这时宣告独立似乎成为唯一可行的办法。富兰克林一直希望不要出现这样的局面。马萨诸塞州聘请效忠英国的富兰克林担任驻伦敦代表，但托马斯·哈钦森州长却否决了这项任命。当时富兰克林断言，派遣更多的英军去波士顿，只能证明英国对殖民地的敌意，后来他获知这些部队都是哈钦森州长要求部署的。哈钦森曾多次写信给英国的官员，批评马萨诸塞州的局势，并建议剥夺殖民地区所谓的英国式自由。

几年之后，也就是1772年，这些信件传到了富兰克林手中。他把它们交给马萨诸塞的朋友看，请他们在殖民地官员中秘密传阅，但不要公开。他的这种要求显然过于天真，结果这些信件被公开出来，自然引起了一场轩然大波。愤怒的波士顿人写下请愿书，要求罢免哈钦森，让富兰克林代表他们向英王请愿。富兰克林接受了这项使命。而哈钦森则要求捍卫他的名誉。这件事传到伦敦后也引起了一场混乱，英国人想弄明白究竟是哪个叛徒把这些私人信件交到了殖民地居民的手中。他们排出了几个可疑分子。富兰克林自然不希望暴露自己。但当他的一位朋友也被列为嫌疑人时，富兰克林感到自己有必要站出来承认是他公开了这些信件。

1774年1月11日，在富兰克林68岁生日前6天，他接到一份来自伦敦枢密院的邀请。邀请信措辞友好，富兰克林以为枢密院将考虑接受民众的请愿，请他接替哈钦森州长的职务。但是3个星期后，当富兰克林走进枢密院时才发现他要面对的是有关泄露哈钦森信件的调查。枢密院里坐满了议员和旁听者，高尔勋爵主持听证会。在一个半小时的时间里，富兰克林站在那里接受副检察长韦德伯恩的训斥。热衷辱骂的韦德伯恩是个苏格兰人，他对富兰克林进行了肆意恶毒的人身攻击。听证会结束后，富兰克林镇静地走了出来，一语未发。过去富兰克林的殖民地同胞批评他过于倾向英国，现在英国人却谴责他过于美国化。

1774年1月29日，富兰克林走进枢密院时还是个忠诚的英国人，但是当他离开时却成了纯粹的美国人。

1775年5月5日，富兰克林回到了费城。两个半星期前，这座城市已经准备投入一场战斗中，起因是盖吉将军手下的一支英国部队在莱克星顿和康科特街与武装民兵发生了冲突。当时伦敦已经下令逮捕富兰克林，因此他毫不犹豫地投入到了起义大军的行列。除了成为美洲殖民地第2届会议的代表外，富兰克林还负责一些重要的委员会。1776年夏天，他加入一个5人委员会，负责起草宣告美国独立的文件。托马斯·杰斐逊起草了宣言的初稿。富兰克林觉得杰斐逊在表述

"真理"这句话时使用的"神圣和不容否定"不够确切，他建议修改为"我们认为这是不言自明的真理"。

由于急需武器，美国决定向法国寻求帮助，富兰克林被派往法国完成这一重要使命。尽管年事已高，但他还是接受了使命，这就意味着他又要和女儿萨拉以及外孙们分离。富兰克林因为追求美国的独立，也给自己的个人生活带来了影响。他的儿子威廉是一个坚定的英帝国追随者，在美国独立的问题上无法与父亲达成共识。富兰克林还和许多英国朋友断绝了往来。

当时，70岁的富兰克林身体虚弱，痛风和肾结石折磨着他。但就在美国国会通过《独立宣言》的当天，他便启程前往法国，伴随他的是一个新生国家的希望。在法国到处都是密探和双重间谍，富兰克林小心翼翼地筹措资金、安排装卸武器的船只，巧妙地处理被美国武装民船扣押的货运船。一方面他是个骄傲的反对王权和贵族的人，同时他又不排斥有可能帮助美国独立的法国贵族和王室成员。随着与路易十六及玛丽·安东尼特王妃见面的日子越来越近，富兰克林更加小心谨慎。他每跨出去一步都充满艰辛，因为当时他只是一名没有正式任命的外交使节，代表的又是一个尚未被承认的国家。

不过，从富兰克林个人的角度来看，他在法国获得了空前的成功。富有感染力的个性使他在法国如鱼得水，他被邀出席盛大的宴会、贵族的沙龙，人人都赞美他这位知名的电学家，他使整个法国沸腾起来。当约翰·亚当斯抵达法国加入美国代表团时，发现这里的每个人上至内阁部长下至旅馆的女侍都知道这位博士先生。富兰克林的肖像随处可见，挂在壁炉架上，垂在表链下，刻在装饰盘、徽章、戒指上，印在外衣、帽子、鼻烟壶上，更让亚当斯惊异的是，富兰克林似乎拥有吸引所有女性的魅力，因为各种年龄的女人都喜欢簇拥这位仪表堂堂、头发稀疏、备受痛风折磨的70岁老头，希望赢得他的注意。在众多的女性中布里安夫人和厄尔维修斯夫人似乎真正地吸引了他。

在法国期间，富兰克林一方面想方设法让法国承认美国，同时又冒着生命危险巧妙地解决武器的运输，并谋求军事上的同盟。

1778年，法国和美国正式结盟，这时富兰克林与约翰·杰伊和约翰·亚当斯一起被派往英国，运用各种手段力争在不得罪同盟国法国的前提下，和英国进行和平谈判。

1783年11月30日，美国与大英帝国正式签订了《巴黎和约》。据说，当天富兰克林穿的衣服正是10年前他在英国枢密院受尽辱骂时所穿的那件。但这一次恰如他所代表的新生国家，他把过去的耻辱转化成了今日的胜利。

1785年春天，美国政府终于同意了富兰克林要求回国的请求。富兰克林说尽管他爱法国，不过还是希望在自己的祖国度过余生。当年，富兰克林是以说客的身份去法国的，离开时他成了一个主权国家的代表。

在6个星期的返航途中，80岁的富兰克林忍受着肾结石所带来的病痛，测量和记录海水温度，那是一项他坚持了30年的研究——绘制湾流图。回到费城的旧宅后，富兰克林本想完全退出政治生活。但是没过多久，他又被选为宾夕法尼亚的代表，加盟联邦制宪会议。在1787年夏天的制宪会议上，各州代表争论激烈。虽然富兰克林个人的力量微乎其微，但他还是设法使激烈辩论的双方达成了某种妥协。在新宪法拟定的最后一天，他发表了一份声明："对宪法中的部分条款，我并不完全赞成，但我不能肯定我永远不会赞同，因为许多我过去以为是正确的观点现在发现却是个错误……"所以他要求参加会议的代表们审视一下自以为一贯正确的立场，像他一样在文件上签写自己的名字。宪法通过了。

富兰克林度过的最后一个冬天是在亲人环护中度过的。1790年4月17日，夜里11点，富兰克林溘然逝去。那时，他的孙子本杰明·谭波尔正陪在他的身边。4月21日，费城人民为他举行了葬礼，两万人参加了出殡队伍，为富兰克林的逝世服丧一个月以示哀悼。本杰明·富兰克林就这样走完了他人生路上的84度春秋，静静地躺在教堂院子里的墓穴中，他的墓碑上只刻着："富兰克林——印刷工人"。法国经济学家杜尔哥却为他写下了这样的赞语："他从苍天那里取得了雷电，从暴君那里取得了民权。"

由于1928年以后每张百元美钞上都印有本杰明·富兰克林的肖像，再加上美元身为世界主要流通货币的重要性，导致本杰明·富兰克林的长相广为世界各地不少人所熟悉。

流动的电子

你无法实际看到电子，因此要真正理解电子是如何产生的就比较困难。下面用人做一个电路的模型。

材料： 50—60个揉成球的纸团；两个大盒子；记录笔。

步骤：

1. 在两个盒子上放上写有"电池"的标签，在一个盒子上标上"+"（正极），另一个盒子上标上"–"（负极）。把所有的纸团都放到标有"–"（负极）的盒子里。

2. 6—8个人站成一圈，每个人拿着一个纸团：每个人都是电线里的一个原子，每个原子都带有电子。电子小得我们无法看到，但在这里我们假设这些纸团就是电子，每个人用纸团来代表你的电子。现在我们要做到的是让电子流动。

3. 举起"电池"盒。电池是发电的方法之一，电池里面的原子带有上亿个电子。电池有两极或两个端子，负极带有许多多余的电子，载有负电荷。如果你把一根电线接到一节电池的负极上，多余的电子就会流入到电线中。

4. 使"电池"盒成为这个圆圈的一部分。距离"负极"最近的人开始通过"电线"传输"电子",把电子传到你身边的人,这是一个一推和一拉的过程,就像磁铁的两个北极相互排斥一样,一个负极电子推动另一个负极电子。电池的电子推动你的电子前进。不过电池的正极同时也在把电子向它拉近。正电荷吸引"负电荷"。

5. 当所有的纸团都被传到了"电池"的正极的,所有的多余的电子都离开了电池的负极,此时不再有电压。电压是由位于负极的多余的电子的推与拉产生的。

6. 把所有的"电子"放回到"负极端子",制造一个新"电池"。现在我们有了一块新"电池",这次假设电池的电压更高,高压使电流增大了。电流是一次在电线里通过的电子的数量。电流是用安培来测量的,通常简称为"安"。

7. 用最快的速度传递两个"电子":"要想增大电流,我们需要一次传递两个电子。用最快的速度拿出两个电子,把它们传递出去然后再拿下两个……继续做!再快点!"

8. 当所有的"电子"又一次到达了"电池"的"正极端子"电流增大时,你们是否感觉更热了?当电流增大时,真正的电线也会升温。这就像烤面包器和电吹风等家用电器的工作原理。

9. 扩展活动:用一段电线把电池的负极端子和正极端子连接起来,就成了"短路",所有的"电子"很容易的快速冲了过去。真正的电路应该是包括,如:一个开关(控制电子流动的开和关)和一个电灯泡(作为用电器并阻挡、控制电子的流动),做一个完整的电路模型。

话题：电　原子

电是由电子的流动产生的。例如：一节电池使电子脱离其围绕原子核的轨道，在电线里流动。电子在电线里的流动被叫作"电流"。每次在电线里运动的力用"伏特"来计算。电在一个连续的路径中通过，这个通路叫作"电路"。当你合上电闸时，就完成了一个电路——你为电子准备好了可使通过的桥梁。当你把闸拉下来时，你把桥从电路中拉起来，电子便无法再流动了。

水怎么变黏了

水并不黏——是不是？用两张普通的纸试一下水是否可以起到胶水的作用。

材料：

两张纸；水；两张纸巾——任选；两张建筑图纸；两张纸板；两张新闻纸。

步骤：

1.把两张纸按在一起，它们能粘住吗？

2.用水把两张纸完全浸湿。再把两张纸按到一起，这次它们能粘在一吗？把这两张纸揭开容易吗y滑动着把这两张纸分开容易吗？

3.把粘在一起的纸放到热的地方烘干。当纸被烘干的时候，它们还粘在一起吗？

4.扩展活动：用纸巾、建筑用纸、纸卡和新闻纸做同样的实验。

话题：原子　力

物质是由原子构成的，原子结合在一起形成了"分子"。一个水分子是由两个氢原子和一个氧原子构成的。在水中，氢氧原子的结合使水分子带有极性。带有极性的分子有两个端点，一端带有一个正电荷，另一端带有一个负电荷（就像磁场有北极和南极一样）水分子的正极端子吸引水分子的负极端子。这就是为什么两张浸湿的纸会粘在一起的原因。滑动着把两张浸湿的纸分开比把它们揭开要更加困难。这是因为滑动过程要冲破更多水分子间的吸引，水分子也吸引纸张；纸张中含有带有极性的分子。

　　黏性的产生是由于两个力相互吸引。当两种不同物质相互吸引时，所产生的力叫作"黏着力"。例如：水与海滨的沙粒相黏着。当一类物质自身吸引时，所产生的力叫做"内聚力"。水就是自身互相黏着的。建造沙堡的原理就是黏着力与内聚力的结合，干燥的沙子不会粘在一起，不过当你加入一定量的水后，就可以把沙子做成各种各样的形状了。

"满载的"玻璃杯

即使一杯水看起来已经"满了"，你仍然可以往里面加东西，当你发现可以加入一张纸条，两张纸条，三张纸条……的时候，你会感到很惊讶。

露珠和雨滴在树叶上凝结成圆形的水珠，而不是渗开，这是因为水分子有一种向水珠中心的拉力，而且似蜡一样光滑的树叶表层也排斥水。

材料：一杯水；纸条；洗碗液。任选——牛奶；醋；油；有气的饮料。

步骤：

1.在一个玻璃杯子里倒满水，直溢到杯子的边上。

2.慢慢地向水中扔入纸条每次一个，注意不要从高处向下扔。

3.在水面外溢出之前，最多能往已经装满了水的杯子里放入几张纸条？5张？10张？20张？还是30张？

4.当你往水中滴入几滴洗碗液之后会出现什么情况？这时你能往杯子里加入的纸条的数量是多了还是少了？

5.扩展活动：试着用水以外的其他液体做这个实验（如牛奶、醋、油、有气的饮料）你往杯子中放入的纸条越多，说明液体表面的张力就越大。

话题：原子　力

使同种物质的分子相互吸引的力叫作"内聚力"。水分子能够产生内聚力——因为它们彼此之间紧密吸引在一块儿。被其他水分子包围的水分子在各个方向上都被吸引。而在水杯表面的水分子的上面不再有水分子。它们都以同一方向被用力地吸向它们下面的水分子。液体表面分子之间的吸引被称作表面张力。水的表面似乎被覆上了一层薄膜。当向水中加入纸条的时候，表面的张力足以防止"已满"的水向外溢。当加入越来越多的纸条后，水的表面看起来像镜头片一样弯曲着，直到水最终溢出杯子的边缘。

在接近易拉罐底部处钻三个紧挨着的小孔。在易拉罐中装满水，如果你用手指把三股水流捏到一起，然后再把手指松开，这三股水柱就会变成一股，这是因为表面张力使水柱连在了一起。

火与水的碰撞——火柴船

在火柴杆被劈开的凹口处滴上一滴洗涤剂，就会使火柴像汽艇一样在水中快速前进。

材料：

卡纸或木制火柴（木制火柴漂的时间更长），或是被制成船形的卡纸；洗涤剂；小刀或剪刀；盛满水的碗或洗涤槽；胡椒——任选；纸。

步骤：

1.把一根火柴的后部分开。

2.小心地把一滴洗碗液滴到火柴杆的末端，把火柴放到水中，它便会快速向前驶去。

3.试着使火柴杆末端的V形槽口（船的舵）偏向右侧或左侧，这时，"船"就会转着圈行驶，而不是向前直行了。

4.变化：做一个螺旋形的纸条，把它放到水面上。在螺旋体的开口中心处滴一滴洗涤剂。由于螺旋体内部水表面张力被打破，螺旋纸会旋转起来。

5.扩展活动：往低温、干净的水表面上喷洒一层胡椒。将一滴洗涤剂滴到胡椒的中心，这时会发生什么现象呢？

 话题：原子 力

　　表面张力是由液体表面分子之间相互吸引产生的。水分子之间的吸引力可以被加入的肥皂或洗涤剂削弱。这是因为肥皂表面张力要小于水的表面张力。肥皂分子的有趣之处就在于他们既是极性的，同时又是非极性的。一个肥皂分子很长，一端是极性的，另一端是非极性的。极性的一端与极性水分子混合，这样就减少了水表面的张力。因此，当你在火柴"快艇"后端滴一滴洗涤剂时，"船"前端的表面张力要大于后端张力，这样，"船"就会在水中前进了。

　　　　为什么洗涤剂能将油腻的盘子清洗得非常干净呢？这是因为水被油脂排斥掉了。油分子是非极性的（也就是说他们没有电荷），而且非极性分子不能与像水这样的极性分子混合，当洗涤剂被滴到油腻的盘子上时，洗涤剂分子非极性的一端与非极性油分子混合，而另一极性端与极性水分子混合。

乒乓球蹦蹦蹦

乒乓球会始终浮在水面上，你把它们按下去，它们又会浮起来，你得怎样做才能使它们沉在水底呢？

在古希腊，国王有一顶非常漂亮的用黄金制成的皇冠，但是他怀疑工匠制造皇冠时，没有用纯金，而是在金子中混入了一些银子。国王令人找来了阿基米德。阿基米德是非常博学的人，他是哲学家、数学家、物理学家和发明家。阿基米德知道银子没有金子重，因此，由两种金属制成的皇冠要比用相同质量的金子制成的皇冠体积大。但是怎么才能知道新造的皇冠的体积是不是对的呢？在这个故事中，一天当阿基米德在洗澡时，仍然想着这个问题，他偶然发现当他踏入装满水的浴盆时，一些水溢了出去。阿基米德的身体占据了一些空间，并排出（挤走）一些水，阿基米德意识到排出水的体积一定与他身体的体积相等。"我找到答案了"，他喊到，阿基米德找到一块金属和一块银条。每块金属的质量与皇冠的质量完全相等，用水来做实验时，他发现皇冠比银条排出的水少，但比金条排出的水多，因此证明皇冠不是用纯金制成的。

材料：乒乓球；水杯；水；胶带；一角银币。高尔夫球——任选；特大的球。

步骤：

1.把一个玻璃杯倒入2／3的水，用一条胶带标出水的位置。

2.把一个乒乓球放到玻璃杯里，乒乓球会浮在上面。把乒乓球向下按，你会有什么感觉？

3.先把乒乓球大约1／4的部分按人到水中，再把球的一半按到水中，最后把球几乎全部按入水中，观察每次水位会发生什么变化？

4.把乒乓球按入水中，然后把手松开，你能让乒乓球蹦多高y

5.在乒乓球上粘一枚一角硬币，球会下沉吗？你往球上粘多少枚硬币，乒乓球才会下沉？

6.当乒乓球沉入水底时，观察一下玻璃杯内的水位，为什么现在水位比以前高了呢？

7.扩展活动：用高尔夫球和大球进行实验，把实验的结果和乒乓球的实验结果比较一下。

话题：力　测量

两个物体不能同时占据相同的空间，如果你把一个物体丢入一个装有部分水的玻璃杯里，这个物体会排出（挤到一边）一些水，因而使水位上升。被排出的水的体积与物体浸入水面的体积相等，如果物体排出的水的质量与物体本身的质量相等，那么物体会浮在水中，如果物体的质量大于它所排出的水的质量，物体就会下沉，乒乓球浮在下面是因为它所排出的水的质量与球的质量完全相等。

"浮力"，反作用于物体质量的水的向上的力，取决于物体体积的大小，浮力的大小与被物体排出的水的质量相等。物体的体积越大，排出的水就越多，因此浮力也就越大，一克铅会沉入水中，而一克木头却会浮在水面上，这是因为一克木头的体积要大得多。要想把一个乒乓球沉到水杯里，你无法改变它的体积，但你可以增加它的质量，如果你把乒乓球按到了水下，向上的浮力会增加许多，此时要比乒乓球浮在水面上时排出的水多，当你松开乒乓球时，浮力会使球向上弹起。

名人堂

阿基米德

阿基米德，伟大的古希腊哲学家、数学家、物理学家，静态力学和流体静力学的奠基人，享有"力学之父"的美称。据说，他住在亚历山大里亚时期发明了阿基米德式螺旋抽水机，今天在埃及仍旧使用着。阿基米德流传于世的数学著作有10余种，多为希腊文手稿。

阿基米德出生在古希腊西西里岛东南端的叙拉古城。在当时古希腊的辉煌文化已经逐渐衰退，经济、文化中心逐渐转移到埃及的亚历山大城，但是另一方面，意大利半岛上新兴的罗马共和国，也正不断地扩张势力，北非也有新的国家迦太基兴起。阿基米德就是生长在这种新旧势力交替的时代，而叙拉古城也就成为许多势力的角斗场所。

阿基米德的父亲是天文学家和数学家，所以阿基米德从小受家庭影响，十分喜爱数学。大概在他九岁时，父亲送他到埃及的亚历山大城念书。亚历山大城是当时世界的知识、文化中心，学者云集，举凡文学、数学、天文学、医学的研究都很发达，阿基米德在这里跟随许多著名的数学家学习，包括有名的几何学大师—欧几里得，在此奠定了他日后从事科学研究的基础。

关于浮力原理的发现，有这样一个故事：相传叙拉古赫农王让工匠替他做了一顶纯金的王冠。但是在做好后，国王疑心工匠做的金冠并非全金，但这顶金冠确与当初交给金匠的纯金一样重。工匠到底有没有私吞黄金呢？既想检验真假，又不能破坏王冠，这个问题不仅难倒了国王，也使诸大臣们面面相觑。经一大臣建议，国王请来阿基米德检验。最初，阿基米德也是冥思苦想而却无计可施。一天，他在家洗澡，当他坐进澡盆里时，看到水往外溢，同时感到身体被轻轻托起。他突然悟到可以用测定固体在水中排水量的办法，来确定金冠的比重。他兴奋地跳出澡盆，连衣服都顾不得穿上就跑了出去，大声喊着"尤里卡！尤里卡！"（Eureka，希腊语，意思是"我知道了"。）

他经过了进一步的实验以后，便来到了王宫，他把王冠和同等重量的纯金放在盛满水的两个盆里，比较两盆溢出来的水，发现放王冠的盆里溢出来的水比另一盆多。这就说明王冠的体积比相同重量的纯金的体积大，密度不相同，所以证明了王冠里掺进了其他金属。

这次试验的意义远远大过查出金匠欺骗国王，阿基米德从中发现了浮力定律（阿基米德原理）：物体在液体中所获得的浮力，等于他所排出液体的重量。一直到现代，人们还在利用这个原理计算物体比重和测定船舶载重量等。

阿基米德对于机械的研究源自他在亚历山大城求学时期。有一天阿基米德在久旱的尼罗河边散步，看到农民提水浇地相当费力，经过思考之后他发明了一种利用螺旋作用在水管里旋转而把水吸上来的工具，后世的人叫它做"阿基米德螺旋提水器"，埃及一直到二千年后的现在，还有人使用这种器械。这个工具成了后来螺旋推进器的先祖。当时的欧洲，在工程和日常生活中，经常使用一些简单机械，譬如：螺丝、滑车、杠杆、齿轮等，阿基米德花了许多时间去研究，发现了"杠杆原理"和"力矩"的观念，对于经常使用工具制作机械的阿基米德而言，将理论运用到实际的生活上是轻而易举的。他自己曾说："给我一个支点和一根足够长的杠杆，我就能撬动整个地球。"

刚好海维隆王又遇到了一个棘手的问题：国王替埃及托勒密王造了一艘船，因为太大太重，船无法放进海里，国王就对阿基米德说："你连地球都举得起来，把一艘船放进海里应该没问题吧？"于是阿基米德立刻巧妙地组合各种机械，造出一架机具，在一切准备妥当后，将牵引机具的绳子交给国王，国王轻轻一拉，大船果然移动下水，国王不得不为阿基米德的天才所折服。从这个历史记载的故事里我们可以明显的知道，阿基米德极可能是当时全世界对于机械的原理与运用，了解最透彻的人。对于阿基米德来说，机械和物理的研究发明还只是次要的，他比较有兴趣而且投注更多时间的是纯理论上的研究，尤其是在数学和天文方面。在数学方面，他利用"逼近法"算出球面积、球体积、抛物线、椭圆面积，后世的数学家依据这样的"逼近法"加以发展成近代的"微积分"。他更研究出螺旋形曲线的性质，现今的"阿基米德螺线"曲线，就是为纪念他而命名。另外他在《恒河沙数》一书中，他创造了一套记大数的方法，简化了记数的方式。

　　阿基米德在他的著作《论杠杆》（可惜失传）中详细地论述了杠杆的原理。有一次叙拉古国王对杠杆的威力表示怀疑，他要求阿基米德移动载满重物和乘客的一艘新三桅船。阿基米德叫工匠在船的前后左右安装了一套设计精巧的滑车和杠杆。阿基米德叫100多人在大船前面，抓住一根绳子，他让国王牵动一根绳子，大船居然慢慢地滑到海中。群众欢呼雀跃，国王也高兴异常，当众宣布："从现在起，我要求大家，无论阿基米德说什么，都要相信他！"阿基米德还曾利用抛物镜面的聚光作用，把集中的阳光照射到入侵叙拉古的罗马船上，让它们自己燃烧起来。罗马的许多船只都被烧毁了，但罗马人却找不到失火的原因。900多年后，有位科学家按史书介绍的阿基米德的方法制造了一面凹面镜，成功地点着了距离镜子45米远的木头，而且烧化了距离镜子42米远的铝。所以，许多科技史家通常都把阿基米德看成是人类利用太阳能的始祖。他曾运用水力制作一座天象仪，球面上有日、月、星辰、五大行星，根据记载，这个天象仪不但运行精确，连何时会发生月食、日食都能加以预测。晚年的阿基米德开始怀疑地球中心学说，并猜想地球有可能绕太阳转动，这个观念一直到哥白尼时代才被人们提出来讨论。公元3世纪末正是罗马帝国与北非迦太基帝国，为了争夺西西里岛的霸权而开战的时期。身处西西里岛的叙拉古一直都是投靠罗马，但是西元前216年迦太基大败罗马军队，叙拉古的新国王（海维隆二世的孙子继任），立即见风转舵与迦太基结盟，罗马帝国于是派马塞拉斯将军领军从海路和陆路同时进攻叙拉古，阿基米德眼见国土危急，护国的责任感促使他奋起抗敌，于是他绞尽脑汁，夜以继日地发明御敌武器。

根据一些年代较晚的记载，当时他造了巨大的起重机，可以将敌人的战舰吊到半空中，然后重重摔下使战舰在水面上粉碎；同时阿基米德也召集城中百姓手持镜子排成扇形，将阳光聚焦到罗马军舰上，烧毁敌人船只（不过，电视节目流言终结者曾经针对这个传说做过实验，结果认为这实际上几乎不可能成功）；他还利用杠杆原理制造出一批投石机，凡是靠近城墙的敌人，都难逃他的飞石或标枪。这些武器弄的罗马军队惊慌失措、人人害怕，连大将军马塞拉斯都苦笑的承认："这是一场罗马舰队与阿基米德一人的战争""阿基米德是神话中的百手巨人"。

阿基米德流传于世的数学著作有10余种，多为希腊文手稿。他的著作集中探讨了求积问题，主要是曲边图形的面积和曲面立方体的体积，其体例深受欧几里得《几何原本》的影响，先是设立若干定义和假设，再依次证明。

作为数学家，他写出了《论球和圆柱》《圆的度量》《抛物线求积》《论螺线》《论锥体和球体》《沙的计算》数学著作。作为力学家，他著有《论图形的平衡》《论浮体》《论杠杆》《原理》等力学著作。

其中《论球与圆柱》，这是他的得意杰作，包括许多重大的成就。他从几个定义和公理出发，推出关于球与圆柱面积体积等50多个命题。《平面图形的平衡或其重心》，从几个基本假设出发，用严格的几何方法论证力学的原理，求出若干平面图形的重心。《数沙者》，设计一种可以表示任何大数目的方法，纠正有的人认为沙子是不可数的，即使可数也无法用算术符号表示的错误看法。《论浮体》，讨论物体的浮力，研究了旋转抛物体在流体中的稳定性。阿基米德还提出过一个"群牛问题"，含有8个未知数。最后归结为一个二次不定方程。其解的数字大得惊人，共有20多万位！

《砂粒计算》，是专讲计算方法和计算理论的一本著作。阿基米德要计算充满宇宙大球体内的砂粒数量，他运用了很奇特的想象，建立了新的量级计数法，确定了新单位，提出了表示任何大数量的模式，这与对数运算是密切相关的。

《圆的度量》，利用圆的外切与内接96边形，求得圆周率π为：22/7>π>223/71，这是数学史上最早的，明确指出误差限度的π值。他还证明了圆面积等于以圆周长为底、半径为高的等腰三角形的面积；使用的是穷竭法。

《球与圆柱》，熟练地运用穷竭法证明了球的表面积等于球大圆面积的四倍；球的体积是一个圆锥体积的四倍，这个圆锥的底等于球的大圆，高等于球的半径。阿基米德还指出，如果等边圆柱中有一个内切球，则圆柱的全面积和它的体积，分别为球表面积和体积的2/3。在这部著作中，他还提出了著名的"阿基米德公理"。

《抛物线求积法》，研究了曲线图形求积的问题，并用穷竭法建立了这样的结论："任何由直线和直角圆锥体的截面所包围的弓形（即抛物线），其面积都是其同底同高的三角形面积的3/4。"他还用力学权重方法再次验证这个结论，使数学与力学成功地结合起来。

《论螺线》，是阿基米德对数学的出色贡献。他明确了螺线的定义，以及对螺线的面积的计算方法。在同一著作中，阿基米德还导出几何级数和算术级数求和的几何方法。

《平面的平衡》，是关于力学的最早的科学论著，讲的是确定平面图形和立体图形的重心问题。

《浮体》，是流体静力学的第一部专著，阿基米德把数学推理成功地运用于分析浮体的平衡上，并用数学公式表示浮体平衡的规律。

《论锥型体与球型体》，讲的是确定由抛物线和双曲线其轴旋转而成的锥型体体积，以及椭圆绕其长轴和短轴旋转而成的球型体体积。

除此以外，还有一篇非常重要的著作，是一封给埃拉托斯特尼的信，内容是探讨解决力学问题的方法。这是1906年丹麦语言学家J.L.海贝格在土耳其伊斯坦布尔发现的一卷羊皮纸手稿，原先写有希腊文，后来被擦去，重新写上宗教的文字。幸好原先的字迹没有擦干净，经过仔细辨认，证实是阿基米德的著作。其中有在别处看到的内容，也包括过去一直认为是遗失了的内容。后来以《阿基米德方法》为名刊行于世。它主要讲根据力学原理去发现问题的方法。他把一块面积或体积看成是有重量的东西，分成许多非常小的长条或薄片，然后用已知面积或体积去平衡这些"元素"，找到了重心和支点，所求的面积或体积就可以用杠杆定律计算出来。他把这种方法看作是严格证明前的一种试探性工作，得到结果以后，还要用归谬法去证明它。

阿基米德确定了抛物线弓形、螺线、圆形的面积以及椭球体、抛物面体等各种复杂几何体的表面积和体积的计算方法。在推演这些公式的过程中，他进一步发展了欧多克斯发明的"穷竭法"，就是用内接和外切的直边图形不断地逼近曲边形以用来解决曲面面积问题，即我们今天所说的逐步近似求极限的方法，因而被公认为微积分计算的鼻祖。他用圆内接多边形与外切多边形边数增多、面积逐渐接近的方法，比较精确地求出了圆周率。面对古希腊烦冗的数字表示方式，阿基米德还首创了记大数的方法，突破了当时用希腊字母计数不能超过一万的局限，并用它解决了许多数学难题。

　　阿基米德和雅典时期的科学家有着明显的不同，就是他既重视科学的严密性、准确性，要求对每一个问题都进行精确的、合乎逻辑的证明；又非常重视科学知识的实际应用。他非常重视试验，亲自动手制作各种仪器和机械。他一生设计、制造了许多机构和机器，除了杠杆系统外，值得一提的还有举重滑轮、灌地机、扬水机以及军事上用的抛石机等器械。被称作"阿基米德螺旋永动机"的扬水机至今仍在埃及等地使用。

　　阿基米德发展了天文学测量用的十字测角器，并制成了一架测算太阳对向地球角度的仪器。他最著名的发现是浮力和相对密度原理，即物体在液体中减轻的视重，等于排去液体的重量，后来以阿基米德原理著称于世。在几何学上，他创立了一种求圆周率的方法，即圆周的周长和其直径的关系。阿基米德是第一位讲科学的工程师，在他的研究中，使用欧几里得的方法，先假设，再以严谨的逻辑推论得到结果，他不断地寻求一般性的原则而用于特殊的工程上。他的作品始终融合数学和物理，因此阿基米德成为物理学之父。

　　他应用杠杆原理于战争，保卫西拉斯鸠的事迹是家喻户晓的。而他也以同一原理导出部分球体的体积、回转体的体积（椭球、回转抛物面、回转双曲面），此外，他也讨论阿基米德螺线（例如：苍蝇由等速旋转的唱盘中心向外走去所留下的轨迹），圆、球体、圆柱的相关原理，其成就。阿基米德将欧几里得提出的趋近观念做了有效的运用，他提出圆内接多边形和相似圆外切多边形，当边数足够大时，两多边形的周长便一个由上，一个由下的趋近于圆周长。他先用六边形，以后逐次加倍边数，到了九十六边形，求出其估计值介于3.14163和3.14286之间。另外，他算出球的表面积是其内接最大圆面积的 4 倍，而他又导出圆柱内切球体的体积是圆柱体积的 2/3，这个定理就刻在他的墓碑上。阿基米德的几何著作是希腊数学的顶峰。他把欧几里得严格的推理方法与柏拉图鲜艳的丰富想象和谐地结合在一起，达到了至善至美的境界，从而"使得往后由开普勒、卡瓦列利、费马、牛顿、莱布尼茨等人继续培育起来的微积分日趋完美"。阿基米德是数学家与力学家的伟大学者，并且享有"力学之父"的美称。其原因在于他通过大量实验发现了杠杆原理，又用几何演绎方法推出许多杠杆命题，给出严格的证明。其中就有著名的"阿基米德原理"，他在数学上也有着极为光辉灿烂的成就，特别是在几何学方面，他的数学思想中蕴涵着微积分的思想，他所缺的是没有极限概念，但其思想实质却伸展到 17 世纪趋于成熟的无穷小分析领域里去，预告了微积分的诞生。

除了伟大的牛顿和伟大的爱因斯坦，再没有一个人像阿基米德那样为人类的进步做出过这样大的贡献。即使牛顿和爱因斯坦也都曾从他身上汲取过智慧和灵感。他是"理论天才与实验天才合于一人的理想化身"，文艺复兴时期的达·芬奇和伽利略等人都拿他来做自己的楷模。后人常把他和牛顿、高斯并列为有史以来三个贡献最大的数学家。阿基米德公元前 287 年出生在意大利半岛南端西西里岛的叙拉古。父亲是位数学家兼天文学家。阿基米德从小有良好的家庭教养，11 岁就被送到当时希腊文化中心的亚历山大城去学习。在这座号称"智慧之都"的名城里，阿基米德博阅群书，汲取了许多的知识，并且做了欧几里得学生埃拉托塞和卡农的门生，钻研《几何原本》。后来阿基米德成为兼数学家与力学家的伟大学者，并且享有"力学之父"的美称。其原因在于他通过大量实验发现了杠杆原理，又用几何演绎方法推出许多杠杆命题，给出严格的证明。其中就有著名的"阿基米德原理"，他在数学上也有着极为光辉灿烂的成就。尽管阿基米德流传至今的著作共只有十来部，但多数是几何著作，这对于推动数学的发展，起着决定性的作用。丹麦数学史家海伯格，于1906年发现了阿基米德给厄拉托塞的信及阿基米德其他一些著作的传抄本。通过研究发现，这些信件和传抄本中，蕴含着微积分的思想，他所缺的是没有极限概念，但其思想实质却伸展到17世纪趋于成熟的无穷小分析领域里去，预告了微积分的诞生。

正因为他的杰出贡献，美国的E·T·贝尔在《数学人物》上是这样评价阿基米德的：任何一张开列有史以来三个最伟大的数学家的名单之中，必定会包括阿基米德，而另外两人通常是牛顿和高斯。不过，以他们的宏伟业绩和所处的时代背景来比较，或拿他们影响当代和后世的深邃久远来比较，还应首推阿基米德。

鸡蛋水上漂

为什么在盐水里漂浮要比在清水中漂浮更容易 y 试着通过下面有关鸡蛋的实验来找出答案。

材料：鲜鸡蛋；大水杯；水；盐；汤匙；一小块胡萝卜——任选；一大块胡萝卜。

步骤：

1.向一个大水杯中注入半杯水。

2.小心地把一个鸡蛋放入水中，鸡蛋应该沉下去。

3.把盐搅入水中，每次一汤匙。要加多少匙后，鸡蛋才会浮到水面？

4.当鸡蛋浮起来之后，向杯中再加一些水，直至水杯几乎装满为止。用一把干净汤匙沿着水杯壁缓缓地把水倒进去。这样盐水和清水就不会混在一起了。最终鸡蛋将悬浮在一层盐水（在杯子底部）和一层清水（在杯子的上部）之间。

5.扩展活动：用一小块胡萝卜重复上面的步骤，你能使胡萝卜像鸡蛋一样漂浮吗？如果你使用大块胡萝卜，会产生什么现象？大胡萝卜与小胡萝卜的密度相同；密度由物质的种类，而不是数量来决定的。

话题：物质的状态　力

当暖热的洋流与寒冷的洋流相遇时，两种洋流不会融合在一起——暖热的洋流在寒冷的洋流上面流动。这是因为热水的密度不如冷水的密度大，所以热水漂在冷水的上面。

"密度"是用来比较体积相同的不同物质的质量时采用的术语。体积相同的两种不同物质的质量可能不同。同样，一杯水的质量要比一杯油的质量大。冰浮在水面是因为冰比水的密度小，石头、铁、铅和鸡蛋的密度都比水大，因而它们会沉入水中。鸡蛋能够在盐水中漂浮是因为排出的盐水质量与鸡蛋的质量相同，鸡蛋的密度比盐水的密度小，鸡蛋会漂浮在一层盐水和一层清水之间，这是因为尽管鸡蛋在清水中下落，但却被密度更大的盐水支撑住了。

提问：两个完全一样的、密封的、容量为1升的罐子被沉入池塘里，其中1个里面装着1克果酱，另一个罐子里装着5克重的铅。哪个罐子受到的浮力更大些？

回答：一样大。两个罐子所排出的水的体积是相同，因此它们所受的浮力相同。

分层的液体

一旦了解了密度，你就能变得非常有创造力，并且能创造出一些有趣的"液体工艺品"。

材料：5个玻璃杯；汤匙；热水；冷水；盐；4种不同颜色的食用色素（如蓝、绿、红、黄）；玉米糖浆——任选；食用油。

步骤：

1.取来4个玻璃杯，在第1个杯子中倒入冷盐水，在第2个杯子中倒入冷清水，第3个杯子中倒入热盐水，第4个里面倒入热清水。

2.在每一个杯子里分别加入不同种颜色的食用色素，并搅匀，加入色素能够在不影响液体密度的前提下，令人们更容易地分辨它们。

3.取来一个玻璃杯按照密度大小，小心地往杯子里倒入各种液

体，每种液体一层，最底层是冷盐水，接下来是冷清水，然后是热盐水，最后是热清水，在往杯中倒水的时候，小心不要把各层混到一些，在加入新一层水的时候，可以把杯子略微倾斜，沿杯壁将新的液体注入。

4.试着用不同温度和不同含盐量的水做实验。

5.扩展活动：向一杯水和一杯玉米糖浆中加入不同颜色的食用色素（不能用黄色）。做一个上层是油，中层是水，底层是玉米糖浆的液体层，试着按不同顺序加入三种液体，顺序的改变，会改变最终液体在杯子中的位置吗？

话题：物质的状态　力

巨大的巡洋舰和超级油船是怎么样才能浮在水面上的呢？要知道它们可是用非常沉重的金属制成的。不过，这些大船的质量分布在很大的体积上，而且其体积的大部分被空气占据着——船舱和过道、轮机舱中的空间，船体本身的空间，因此船的密度比它们排出的水的密度小。

潜水艇的工作原理是什么呢？潜水艇中有足够的空气，可以使它比水轻，它在水中漂浮就是塞上了盖子的瓶子，当指挥官下令下沉时，船员们便打开一些阀门，海水从这些阀门流进潜水艇内的大水箱，这样潜水艇变重并很快沉入水底，当指挥官想让潜水艇浮出海面时，可以把水箱中的水排出去。

体积相同的两种液体，质量可能不等，液体越重，它的密度也就越大，密度比水小的液体能浮在水面上；密度比水大的会浮在水的下面，总的来说（受如水温及加入盐的多少等变量影响）。当你比较冷、热清水和冷、热盐水时，其密度按从大到小的顺序排列，依次为：冷盐水、冷清水、热盐水、热清水，玉米糖浆比水的密度大，而油比水的密度小。

遭到切割的"原子"

油和水不能溶在一起。利用这一科学事实来做一个分割油滴"分子"的有趣活动。

材料：玻璃杯；水；医用酒精；食用油；汤匙；餐刀纸巾。

步骤：

1.往玻璃杯中倒入大约半杯医用乙醇（约100毫升）。再倒入适量的水（约50毫升）是杯子的2/3。搅匀乙醇与水的混合物。

2.将汤匙擦干后装上食用油。小心地把汤匙放在酒精和水的混合物的表面上，然后轻轻地把汤匙翻过去。如果你操作得正确，一大滴食用油——一个"原子模型"——将会滑入到玻璃杯中。油滴的形状是球体。

3.如果油滴浮在表面，再向混合物中加点乙醇；如果油滴沉入到杯子底部，就再加些水。理想的是让油滴大约停在杯子的中部。

4.用力轻轻地把油滴割开，开始油滴会膨胀，接着就分裂成两个完全圆的油滴。这样"油滴原子"就被分割成两个更小的"原子"。你能切割出两个体积相同的原子吗？你能继续切割这两个新"原子"，得到更多的原子吗？

5.当你完成实验后，把乙醇和水的混合物倒入下水道中，千万不要喝它，因为它有毒。

话题：原子　能量　物质的状态

油比水的密度小，因此会浮在水面上。油的分子也不带有极性（它们不带有任何电荷）。无极性的分子不与带有极性的分子融合。不过，在配比合理的酒精和水的混合液里，可以使油滴凝在一起，悬浮在混合液中。只有在酒精——水的混合物的密度与油的密度相同的情况下，油滴才能溶在混合物中。悬浮的油滴可以被用作原子模型。

所有的物质都是由原子构成的。即便使用功率最大的显微镜，也没有人看得到原子。但是科学家们对原子的特性做了一些猜测。核能就是以原子的特性为依据的，核"聚变"是由小原子变为大原子的过程。许多科学家认为，原子的分裂就像一滴液体正溅成许多细小的液滴一样，在核反应堆中，铀原子发生裂变，释放出内部的能量。这一过程中产生的热量可以用于发电，这一过程也产生了非常危险的废物。这种废物是"放射线"，它可以杀死许多生物。

一松一紧带来的能量

热是一种能量的形式。反复伸拉松紧带，每次都会产生一点热量。

材料： 宽、平的松紧带。

步骤：

1.想要知道松紧带的温度，把它放到你的前额（你的前额对温度非常敏感），你能感觉到松紧带是冷的。

2.用左手的大拇指和食指捏住一根松紧带。

3.用右手的大拇指和食指紧挨着左手，捏住松紧带，两只大拇指要挨在一起，你可以拉长松紧带的一小部分。

4.快速用手拉长松紧带。当松紧带伸长时，把它轻触到你的前额上，你是否会感到松紧带比原来紧了？

5.让松紧带回到原来的正常长度。再次用它接触你的前额，松紧带是否又恢复了原来较凉的温度？

6.你可以反复伸长松紧带，每次它都会变热。

快速用力搓你的双手，你会有什么感觉？这种能量是由于搓手时的摩擦而产生的。

热有3种传递方式。以"传导"方式传递，即热从温度较高的物体传到温度较低的物体上。用你的手裹住一个装有热巧克力的杯子，热从热巧克力传导到杯子上，又传导到你的手上。"辐射"方式传递，即热从一个非常热的物体向周围射出去。把你的手放到壁炉前，你会感受到热。以"对流"方式传递，即热在空气中上升。电热器能使其周围的空气变热，当你站在电热器旁边时，立刻就会感觉到热。随着热空气从电热器上方升起，并绕着屋子流动，整个房间就逐渐变暖了。

话题：能量

你可以把一种能量转换成另一种能量。当你拉松紧带时，你对它做了功，这种能量被转换成热。松紧带是由卷曲的分子构成的。当你伸拉松紧带时，卷曲的分子被暂时拉直。当你停止施加能量时，这些分子，就又恢复了它们原来的卷曲的形状。

科学摩擦

这个调皮的小球在你把绳子拉直"刹车"前，会在绳子上自由地上下滑动。

材料： 65厘米长的铝箔；1米长的绳子；铅笔；剪刀；镊子——任选。

步骤：

1.把一片铝箔揉成一个密实的球。

2.用铅笔在球上做一个浅的V形槽，做的时候，先在球的一侧戳一个洞，然后在另一侧再戳一个洞。

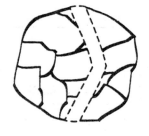

3.把绳子穿过箔球中的槽，可用镊子把绳子拉过槽。

4.如果你放松绳子，箔球会自由地在绳子上上下滑动。当你用力拉绳子的末端，使绳子变紧时，球便会停下来，直到你再次把绳子放松前为止不会动。

（注：如果当你拉绳子时，箔球不停下来，那是因为V形槽的弯曲程度不够。）

话题：力　能量

摩擦力量阻止一个表面在另一个表面运动的力。如果两个表面都很光滑，摩擦力很少，一个表面会非常容易地在另一个表面上滑动。如果表面粗糙的话，如砂纸，摩擦力会很大，两个表面之间滑动也就困难了。当你拉紧绳子时，铝箔球会停下来。这是因为绳子与V形槽之间产生摩擦。球和绳子之间的工作原理与自行车的刹车系统有些相似。

刹车垫与车轮边相互摩擦，使自行车放慢速度，刹车握得越紧，摩擦力就越大，车轮停下的速度也就越快。

取来一枚长钉，并把它钉入木板中2—3厘米深处，摸一下钉子，它会是热的，当你把钉子敲进木板中时，由于钉子和木板之间的摩擦力，使锤子的部分能量转变成了热能。

当火箭从它的轨道返回地球时，由于在它穿越地球大气层时，火箭箭体和空气之间产生摩擦，它的温度会升高。

小便士大力量

弹击一排便士的最后一个——或者任何一种其他的硬币——就会看到第一个硬币向前射出。

材料：

10个便士（或任何一种其他硬币）；光滑的表面；25美分的硬币和一角银币——任选。

步骤：

1.在光滑的表面上，把9个便士排成一排，并使每个便士与它相邻的便士相接触。

2.在距离这排便士最后一枚12厘米的地方放另一个便士（第10个便士），迅速地弹出第10个便士，使它撞到这排便士的尾部，会发生什么情况呢？

3.尽量用更大的力气弹出第10个便士，然后再用小点的力量弹击2次，第1枚便士会怎样呢？

4.把8个便士排成一排，并使每个便士与它相邻的便士相接触，把剩下的2个便士放在距离最后一枚便士12厘米的地方，迅速弹出这两枚便士，使它们都撞到这排便士的尾部，这时会出现什么现象呢？

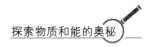

5.扩展活动：把10个便士排成一排，用一个25美分硬币（比便士稍重）作为弹出的硬币，会有一个以上的便士射出吗？弹25美分硬币会比弹击便士费力还是省力？用一个一角的硬币（比25美分硬币和便士都轻），作为弹击的便士并观察结果如何？

话题：能量　力

当你骑自行车时，会把你的部分能量传给自行车。你吃食物获得的能量转化为动能，如果当你向前骑的时候，车子碰到了一块石头，石头会移动并且使你的车速减慢下来，自行车的部分能量被转移到了石头上。这些例子显示了能量的一个重要特点：能量能够从一个物体传递到另一个物体上。在这个活动之中，你通过推动最后一个便士给予了它能量，能量通过所有的便士一直到达这排最前面的一枚便士。因为在第一枚便士前没有其他的便士阻止它运动，所以第一枚便士便以你施加给最后一枚便士大约相同的能量向前射出。

你怎样做才能让一个球弹得更高？办法是在手离开球之前迅速拍球。在手离开前增加手拍球的速度，可以给球更多的力量。额外的能量加大了球的弹力。球弹到地面时受到的压力越大，它弹起时的高度就比它落下时的高度更高。

折戟铅笔梦

熊要比人们想象的聪明的多，即使人们看不到鱼在水中的位置，熊也能把它们捞出水面。熊懂得什么道理呢？

材料： 水杯；水；铅笔。

步骤：

1.在杯子中装入2/3的水。

2.把一支铅笔放入杯子中（倾斜着放，不要垂直放）。

3.在水线交界处观察铅笔，你却看到了什么？为什么会这样？

话题：光　大气

光似乎是以直线在空气中传播的。但是当它从一种物质进入到另一种物质中时，它的传播方向通常会改变，如光从空气中射入水中。

尽管水十分清澈，但透过它看东西会改变原来的方向。光线在水中的传播速度要比在空气中的慢。光的传播方向的改变就叫作折射。

当你把一支铅笔插入水中时，铅笔似乎在水面处折断了。你最先看到铅笔是因为光线反射回你的眼睛。来自空气中铅笔的一端的光线和来自水中的铅笔的光线的方向是不同的。当光线离开水进入空气中时发生折射。所以在水中的铅笔并未真的折断，铅笔并不在你肉眼看到的地方。折射的光线欺骗了你的眼睛，它使视觉产生了错误。注意一下，铅笔在水中看起来也会变大。玻璃杯和杯中水之间呈曲线状的表面的作用就像凸透镜一样。

海市蜃楼的存在是由于折射作用。在晴朗的天空和几乎无风的情况下会产生海市蜃楼。当太阳晒热地面时，贴近地面的空气要比它上面的空气热。穿过冷热空气的光线方向会发生转变，所以你看到的东西实际上并不在那儿——就像在高速公路上出现的一池水，实际上那是天空的映象。

玻璃无影踪

当你向一个装满液体的容器内看时，发现里面什么也没有。但是当你将手插入液体中时，却能从中拿出一个喝水用的玻璃杯。

材料： 大的玻璃容器或罐子；小玻璃水杯一个；食用油；纸巾。

步骤：

1.把玻璃水杯置于玻璃容器内，然后注满水，从不同角度观看容器，你能看到水杯吗？

2.倒出容器内的水，擦净玻璃水杯和容器。

3.再把玻璃水杯置于大的玻璃容器内，用食用油注满容器，从不同角度观察容器。你能看到小水杯吗？

▌▌▌ 话题：光

当光由一种媒体进入另一种媒体时（例如由水到空气，玻璃到空气）在两种媒体交界处会发生折射现象。这是因为在不同的媒体中光的传播速度是不同的。光穿过石油产品（包括食用油）和玻璃的速度是相同的。因此当光穿过玻璃和油时，它不发生折射现象，这样我们就看不见界面了。

　　一些鱼的眼睛有内置的双焦点的水晶体，眼睛的顶部是用于在空气中看东西，眼睛的底部用于在水底看东西，人类在水下看不准东西就是因为我们的眼睛只适用于在空气中看物体。

影子追随者

拳击选手们通常与他们的影子搏击来提高自己的反应能力。晴天玩追赶影子的游戏来提高你们的反应能力，并从中获得乐趣。

材料：阳光。

步骤：

1.选一个人当作"它"。

2.游戏的目的是它想办法踩住另一个人的影子。如果"它"成功地踩住另一个人的影子，那么那个人就变成了"它"。

3.游戏的关键在于观察太阳的位置和改变你身体的角度，使你的影子或大、或小、或窄，或者消失不见……无论怎样，就是不让"它"踩到你的影子。一个有用的提示：一般来说，你应该背对阳光。这样，你的影子将落在你面前，要想找到它就很困难了。

4.变化：在一天中不同的时间玩追影子的游戏。因为傍晚和早晨太阳离地面近些，所以影子会更长。

> X光的影像是由于人体吸收X光管里的微小聚光灯发出的光线而形成的。

话题：光

光是能的一种形式。对于这点我们已经很了解了。问题在于光是由粒子构成的还是由光波构成的。关于光有两种理论——似乎都有道理。光的粒子原理的依据是反射，例如，光粒像球弹离地面一样被镜子反射出来，认为光波到达镜面后，向相反方向传播，无论光是什么，它都有一些特征。当光不能通过一个物体的时候，影子便形成了。光散照在物体上并形成物体的轮廓。可以用大量有趣的方式来控制影子的变化。认识到物体所在的位置与光源是影响影子形成的本质原因时例如：是大、是小成宽成窄你就能够控制影子。

复杂运动

复杂的活动

把一粒葡萄干（两三粒也可以）扔到一杯新鲜的二氧化碳饮料中（如雪碧七喜），饮料中含有二氧化碳，这些二氧化碳会浮到饮料的表面，聚集成气泡，由于水的浮力大于气泡的重量，所以气泡会上升。葡萄干粗糙的表面为气泡提供了依附的机会，气泡也就借机把葡萄干带到水面。到达水面后，一些水泡的破灭又会使葡萄干沉入水底，但葡萄干也可能会再吸引更多的气泡再次升到水面上来。

怎样能不碰水，就判断出水是热的还是凉的呢？办法是在水中滴一滴食用色素，如果是热水，色素分子的振动速度会很快，从而能够加速水与色素的融合。

"斯科蒂，送我过去！"是电影电视连续剧《初克星球》中最有名的台词之一。但在现实生活中，越过障碍物和穿过遥远的距离传送一个人是绝对不可能的，传送物质意味着要复制每一个被移动的原子，而人类的每一单个细胞就存有大量的信息，所以这样一个传送任务将会是非常复杂烦琐的。

热能通常是从热的物体传导到冷的物体上。如温暖的火把热传到你冰冷的双手上，又从你温暖的双手上把它传到你握着的冷冰冰的雪球上。

如果你往一块又硬又湿的沙地上掷一块石子，沙地卜留下的印迹就是石子移动的记录。石子的第一次反弹通常都很短（仅几厘米），第二次反弹则长多了（有一米）。石子以这样的方式连续跳跃，直到停止，你能改变石子这种跳跃方式吗？

名人物语

"神秘的事物是人类所能接触的最美妙的东西，它是一切真正人文和科学知识的源泉。"

——阿尔伯特·爱因斯坦

名人堂
阿尔伯特·爱因斯坦

爱因斯坦于1879年出生在德国西南部古城乌耳姆的一个犹太人家庭。父亲是个电工设备店店主。母亲是个有成就的钢琴家。1880年，他随全家搬到慕尼黑，就在那里渡过了他的童年生活。他好像发育比较慢，三岁才开始讲话，被人认为是反应迟钝的孩子。直到中学时，有些教师还认为他长大了不会有出息。当他六岁时，母亲就教他学习

爱因斯坦蜡像

小提琴，14岁时就已经能登台演奏了。在他的一生中，小提琴一直伴随着他。

10岁时，爱因斯坦进入慕尼黑教会中学读书。不过，他的基础知识却是源于家庭和自学上。在中学的成绩除数学优秀之外，其他学科均属低下，因而在1894年遭到了退学处分。

爱因斯坦16岁那年，由于整日同一群调皮贪玩的孩子在一起，致使自己几门功课不及格。一个周末的早上，爱因斯坦正拿着钓鱼竿准备和那群孩子一起去钓鱼。这时，父亲拦住了他，心平气和地对他说："爱因斯坦，你整日贪玩且功课不及格，我和你的母亲很为你的前途担忧。"

"有什么可担忧的，杰克和罗伯特他们也没及格，不照样去钓鱼吗？"

"孩子，话可不能这样说。"父亲充满关爱地望着爱因斯坦说，"在我们故乡流传着这样一个寓言，我希望你能认真地听一听。"

"说有两只猫在屋顶上玩耍。一不小心，一只猫抱着另一只猫掉到了烟囱里。当两只猫从烟囱里爬出来时，一只猫的脸上沾满了烟灰，而另一只猫的脸上却干干净净。干净的猫看见满脸黑灰的猫，以为自己的脸也又脏又丑，便快步跑到河边洗了脸。而黑脸猫看见干净的猫，以为自己的脸也是干净的。结果，吓得其他的猫都四下躲避，以为见到了妖怪。"

"爱因斯坦，谁也不能成为你的镜子，只有自己才是自己的镜子。拿别人做自己的镜子，天才也许会照成傻瓜。"

爱因斯坦听后，羞愧地放下鱼竿，回到了自己的小屋里。

从此，爱因斯坦时常用自己作为镜子来审视和映照自己，终于映照出了他人生的璀璨光芒。

1896年，爱因斯坦考进联邦工业大学师范系学习物理学。大学四年，他的主要精力不是用于正规课程，而是自学一些名家的著作。纵使他很少上课，但是他靠着同学所摘下的课堂笔记，仍能取得及格的成绩。

爱因斯坦于1900年毕业，由于学业成绩并不突出，他找不到一个教职。1902年，爱因斯坦终于在伯尔尼找到了联邦专利局审查员的职务。此时他利用工余时间继续自修理论物理。在一年内，1905年，26岁的爱因斯坦共发表了4篇在物理学各领域中最富有创造性的伟大论文。《分子体积的新测定方法》（有关布朗运动）一文使他获得苏黎世大学的哲学博士学位，而《关于光的产生和转化的一个启发性观点》（有关光电效应）一文更使他于1921年获得诺贝尔物理学奖。其余的两篇创立了狭义相对论，后人认为这是他对物理学最重要的贡献。

1913年，普朗克和能斯特代表普鲁士科学院邀请爱因斯坦回德国工作。1914年，他担任威廉大帝物理研究所所长兼柏林大学教授。这个教职给予了爱因斯坦经济上的支持，使他能够全时间从事研究工作。1916年，爱因斯坦发表了《广义相对论基础》，这是关于广义相对论的第一篇完整的论文，也是对这项工作的总结。1933年，因受纳粹德国的迫害，爱因斯坦迁居美国，任普林斯顿高等学术研究院教授。1940年取得美国国籍，1955年病逝普林斯顿。

爱因斯坦语录

·一个人的价值，应当看他贡献什么，而不是看他取得什么。

·在真理和认识方面，任何以权威者自居的人，必将在上帝的戏笑中垮台！

·凡在小事上对真理持轻率态度的人，在大事上也是不足信的。

·苦和甜来自外界，而坚强则来自内心，来自一个人坚持不懈的努力！

·智慧并不产生于学历，而是来自对于知识的终身不懈的追求。

·真正有价值的东西不是出自雄心壮志或单纯的责任感；而是出自对人和对客观事物的热爱和专心。

·科学研究好像钻木板，有人喜欢钻薄的，而我喜欢钻厚的。

·每个人都有一定的理想，这种理想决定着他的努力和判断的方向。

·实笃一个人只有以他全部的力量和精神致力于某一事业时，才能成为一个真正的大师。因此，只有全力以赴才能精通。

·没有牺牲，也就绝不可能有真正的进步。

·一名热衷于宗教的人之所以会虔诚，是在于他们对没有或不具备理性基础的超自然物体与其宗旨所展现的意义及其崇高上不存有任何怀疑。

·人只有献身于社会，才能找出那实际上是短暂而有风险的生命的意义。

·没有侥幸这回事，最偶然的意外，似乎也都是事有必然的。

奇妙的冰世界

你最快能用多长时间融化一块冰？用什么样的"诱饵"能把冰块"钓"起来。

把一塑料杯清水和一塑料杯盐水（溶解了四匙盐的水）在冰箱中放一夜，到了早晨，两杯水都完全结冰了吗？水在零摄氏度结冰，不同的液体有不同的冰点，盐水的冰点要比水低。

当你攥雪球时，你把雪握在手里，手对雪的握力会使雪的表面融化，融化的雪结成冰，于是一层薄冰就把雪团包裹起来了。

材料：冰块；盘子；黑布；黑色纸；绳子；盐；纸巾。

步骤：

1.化冰比赛：发给每个人一些纸巾和一个装着一定数量冰块的盘子。看谁能先使盘子里的冰全部融化。大家可以想各种办法给冰块加热，但是不允许压碎冰块，把冰块放在嘴里或使用火柴等外界热源。还要给他（她）们提供黑纸或黑布。当比赛结束后，向大家描述一下使冰块融化的过程。

2.钓冰：把一块冰放在盘子上。在冰块上放一截绳子。在绳子上面撒一些盐，几秒钟后把绳子提起来。这时会出现什么情况？为什么？

话题：物质的状态　雪　解决问题

物质以三种状态存在：固态、液态和气态。水在零摄氏度时结冰（由液态变成固态）。要想使冰融化，就得利用热能。你可以简单地把冰块放在一个温暖的房间里，让它融化，为了加速冰块的融化过程，你可以把冰块握在手里。在握冰块之前，你可以摩擦双手，产生热量。你也可以通过把冰在布上摩擦来产生热量，或者，你可以把冰块放在黑布或黑纸上，放在阳光下（黑色吸热较好）。

用盐同样可以使冰融化，盐能降低水的冰点，当你把一截绳子放在冰块上，并在绳子上撒些盐时，冰会发生轻微变化。当冰块轻微融化后，又会随着水对盐的稀释，在绳子周围重新结冰。

任何物质的某一特定状态都取决于物质本身的属性和温度的高低，例如：冰在零摄氏度时会融化，而锡却要在温度达到摄氏232度时才会融化。

神奇的物质状态

它是固体吗？不，不是。是液体？嗯，差不多。唯一能肯定的是它不是气体！

材料：面粉；水；大而浅的碗；量杯；匙。

步骤：

1. 在碗里倒入200毫升水。

2. 分几次往碗中放入一些面粉。一共需搅入300到500毫升面粉，搅拌时，不时用匙拍拍面团的表面，来测试它的稠度。

3. 用匙拍打混合物表面而不会有飞溅时，混合物就做好了。此时虽然搅拌起来有些困难，但不能停止。

4. 舀出一部分此混合物，试试看能不能用它揉出一个球？并试着让混合物沿着手指往下滴。拿碗给别人看，告诉他（她）们碗里都是乳脂，然后快速把手放在混合物上。此时人们有什么反应？为什么？（注意观察混合物是固体还是液体？）

5. 特别注意：别把这些混合物倒入下水道；它们会阻塞下水道！完成实验后，把这些混合物倒入塑料桶或塑料袋内，然后扔进垃圾箱。

话题：物质状态

在地球上，物质的三种基本状态是固态、液态和气态。但也有例外，在一定温度和压力下，液态和气态之间没有明显界线；固体可以流动（如沥青）；液体可以在较短的时间内演变成为固体（如油灰的流动和反弹）。但如果不是在地球上，三种物质状态之间的关联就少多了。整个宇宙中99%的物质并非固体，液体或气体，而是最具影响力的等离子体。太阳以及大多数别的星球都是由它构成的。

在液体中，分子移动范围不大。在固体中，分子处于稳定状态。有一些物质则兼有固体和液体的特性。在水和面粉的混合物中，分子长链缠绕在一起，就像意大利面条一样，在高压下分子一般并不轻易流动，因此，当挤压水和面粉的混合物时，感觉它像固体，一旦停止挤压，它便又恢复到液体状态。

有吸引力的磁铁

磁铁是一种能够吸附某些物质的物体。磁铁能吸起一枚镍币吗？能吸起一块大理石吗？它能把沉在一杯清水底部的回形针吸起来吗？

磁铁能做功吗？功被定义为使某物移动的力（力作用于一段距离），把一块磁铁放在桌子上，同时把一个钢球放在桌面上距磁铁末端2—3厘米远的地方。松开钢球后，会发生什么情况？

自然界中的磁是一种叫作磁铁矿的物质。它们通常呈不规则形状，看起来就像你随便在任何地方捡起的铁。人们认为在地壳从熔化状态到逐渐冷却的过程中，地球的磁场使那些缓慢硬化的岩石磁化了。

材料：

至少一块磁铁；回形针；纸；细绳；胶带；一杯水；一些金属物体和非金属物体（如：玻璃、大理石块、便士、分币、角币、针、圆钉、塑料、软木、硬木、布、橡皮、铅笔的铅芯等物品）。装沙子的大容器——任选。

步骤：

1.分类：把一组物体分成两堆；你认为磁铁能吸附的物质和不能吸附的物质。然后用磁铁验证一下你的推测。

2.吸引力：把一枚回形针丢到一杯水中，磁铁能隔着水把回形针吸起来吗2把一块磁铁放在你的手心上，把另一大块放在手背上，慢慢地垂直抬起手掌，磁力能使两块磁铁停在手掌原来的位置上吗？

3.非凡的力量：数一数一块磁铁一次能吸起多少个回形针，隔着一张纸磁铁能吸起多少枚回形针？隔多少张纸，磁铁最终才吸不起回形针？用这种办法，比较一下两块磁铁磁力的大小。

4.奇异的回形针：把一枚回形针放在手掌上，把一块磁力较大的磁铁贴在手背上，磁铁将会吸引并能移动回形针，把回形针系在一截细绳的一端，把绳子的另一端固定在桌面上，让磁铁靠近回形针，这时回形针就会在空中舞动起来。

5.扩展活动：把20—30枚回形针埋在一个装着沙子的器皿中，试着用一块磁铁把它们"挖掘"出来。

话题：磁

一般来说，磁铁并不吸引非金属物质（但是磁场却可能穿过非金属物质，例如纸和塑料。而且磁力不会因此而损耗）。但这并不意味着所有的金属物质都能被吸引。事实上，只有铁、镍、钴能被吸引，一些金属的合成物（合金），如钢和磁性含金同样具有磁性。普通的磁铁（如条形磁铁和马蹄形磁铁）通常就是由钢制成的。

磁铁的制作

利用一块永久性磁铁发出的磁性可以将一根普通的钉子暂时变成一块磁铁。

材料：坚硬的永久性磁铁；铁钉；回形针。

步骤：

1.将一个铁钉丢在地上，以防它被无意中磁化。这根铁钉可以吸起一个回形针吗？

2.握住磁铁靠近铁钉的一端。铁钉的另一端能吸引回形针吗？这就是"感应磁化"将磁铁远离铁钉，会发生什么现象？

3.用磁铁的一极沿着铁钉从一端摩向另一端，到头后，将磁铁拿起，摩另一遍（来回地摩擦不会使铁钉磁化）。

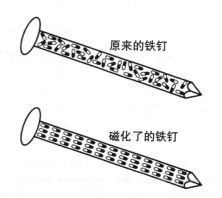

原来的铁钉

磁化了的铁钉

4.将一个铁钉磁化需要摩多少遍？随着你摩擦遍数的增加，铁钉的磁力也会增加。

5.用新磁化的铁钉做实验。

磁铁钉可以吸住多少个回形针？它可以吸住磁铁所吸住的每一个东西吗？铁钉的磁力能保持多久？

> 如果将磁铁断为两半，每一半会在断裂处产生新的磁极，成为一块新的磁铁，如果继续将半块的磁铁平分下去，每一小块都会变成一个新磁铁。产生这种现象的理论是：磁体的每个原子本身又都是一个小磁铁——一个磁原子。

话题：磁　原子

在原来的铁钉中，原子的排列就像一群毫无秩序，面向各个方向而站的人。在磁化的铁钉中，原子的排列就像坐成一直排的人，在未磁化的铁钉中，原子互相中和，在磁化的铁钉中，磁原子互相累加形成一整块磁铁钉。

你可以通过用一个永久性磁铁摩擦或"感应"（将一个磁铁靠近一个铁钉，但不接触）而使铁钉磁化。将一块铁磁化并不需很多的能量，但是一旦被磁化，铁原子的排列就很容易被打乱。钢很难被磁化，但是一旦磁原子被排成一列，这种排列就会很难被打乱。如果加热或经常摔落磁铁，它便会丧失磁力，这是因为原子的排列被打乱了。如果妥善保管，永久性磁铁的磁力可以持续很长时间。要想延长磁棒的寿命，应将它们并排成对放置，使北极挨着南极。马蹄形磁铁还应该有一块"衔铁"—— 一块联结磁铁两端的铁。

有趣的磁场图

　　磁铁的周围存在着一个看不到的磁场，用铁屑组成不同的磁场图案来研究这个场。

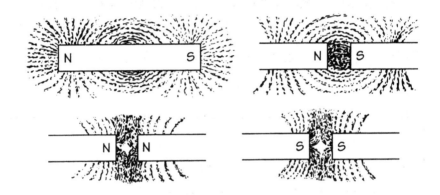

材料：

条形磁铁；玻璃板或坚硬的醋酸盐膜（即有些文件夹上的压膜；或常用的幻灯机上的胶片）铁屑或切成粉状的钢末。任选一个回形针。

步骤：

1.在条形磁铁上放一块玻璃板或一层塑料膜。

2.在磁铁上撒一些铁屑。小心放置铁屑，切勿把它们弄进眼睛。

碎屑形成了什么样的形状？

3.试将两棍磁条同极相对，然后异极相对。

4.扩展活动：你怎样判断出磁条哪一部分的磁性最强？数一下磁条的不同部位吸附回形针的数量。

话题：磁　力

磁铁周围的区域叫作"磁场"，它是磁力能够作用或影响到的区域，铁屑可以被用来显示一个磁场，以及同极之间相斥，异极之间相吸引的情况。每一粒铁屑临时具有了磁性，在磁力线上占据一个位置，许多铁屑一齐就形成了磁场图。

> 两手紧握来表示吸引。两手分开表示排斥。在一根细线的一端悬一根磁条，使另一根磁条的南极接近所悬磁条的北极。异极相吸，同极相斥。这就是"磁性定律"。

气球的表演

在你将脚在地毯上摩擦一会，然后去碰门把手，你会感到轻微的击打——静电，气球是用来研究静电的最好的工具。

材料：气球；布（毛料、尼龙或混纺料、棉线，剪刀、胶布）。

步骤：

1.吹大2个或3个气球，快速地将气球在一块布，如：在毛衣的袖子上来回摩擦，用静电给它充电。

2.推与拉：将一个未充电的气球的顶端系在一根线上，将另一个未充电的气球系在另一根线上，抓住线的末端提起两只气球，使它们悬垂着，两个气球相距5厘米，有什么情况发生吗？将其中一个气球充电，然后去接近未充电气球，会发生什么情况？将两只气球都充电，互相接近，会发生什么现象？

3.悬挂气球：将一个充电的气球粘在墙上，它会处于什么状态？它会在墙上待多久？

4.抚弄气球：将一个充电的气球系在一根大的35厘米长的细线上。用胶带将其固定在桌沿上（这样气球可以随意悬下来）张开手掌靠近气球，气球会被吸引到你的手上吗？它会随着你的手的移动而移动吗？

5.舞动细线：将一根长15厘米的细线用胶带固定在桌面上。使一只充电的气球接近细线。你能让细线保持直立吗？你能让它舞动吗？

> 所有的物质的原子都是由叫作电子、质子、中子的微小颗粒构成的。"质子"（带正电荷）和"中子"（不带电）被包在原子的中心，即原子核中，本身带有负电荷的电子围绕着原子核旋转，并能从一个原子转移到另外一个原子上。每个原子中电子和质子的数目是相等的。这样原子电荷通常是中性的。

话题：电　原子

当你用一块布摩擦气球时，就会有一些电子从布转移到气球上。气球就带了负电荷（它所带的电子数目超过了质子）。如果你将两个都带了电的气球靠近，它们会互相排斥。像磁铁一样，负电荷与负电荷相斥，如果你将一个带电的气球靠近另一个没有带电的，它们会相互吸引。如果这个气球接触一面中性的墙壁，它会排斥墙与其接触部位的电子，这样导致墙壁带有正电荷。既然异性电荷相吸，气球会粘在墙壁上待一会儿。过一小会儿，负电荷从气球上转移到墙上和空气中，气球就会掉下来。记住冷干的冬日和湿热的天气更容易产生静电。潮气能吸收电荷。潮湿的空气可以很快使带负电荷的气球呈中性。

神奇的电杖

将塑料梳子在一块布上摩擦，梳子便会带上静电。这个梳子可以应用在几个有趣的实验中。

材料：

硬塑梳子（或塑料钢笔），布（羊毛、尼龙或混纺）、棉纸、盐及胡椒粉、细线、水龙头。任选——气球。

步骤：

1.在一块布上轻快地来回摩擦一把梳子（如果天气不很湿润并且你的头发很洁净，那么将梳子在你的头发上梳几下），你的电杖就充满了电。

2.跳动的碎片：将几片细小的棉纸片堆在一起，将电杖靠近纸堆。三四分钟后，会发生什么情况？

3.盐与胡椒粉：将一些盐与胡椒粉混成一堆儿。将"电杖"凑近这个小堆。过三四分钟后，会发生什么情况？仔细观察，你会发现同样的颗粒先被吸引。然后相互排斥（他们不会落下来，而是被甩下来）如此这样反复几遍。你怎样做能将胡椒粉从盐中分离出来？

4.纸球：将一小张棉纸揉成一个小球，然后悬在细绳下面，当你将"电杖"靠近小球时会发生什么情况？

5.弯曲的水流：拧开水龙头，让一股非常细小的水流流出，将电杖靠近水流，使水流弯曲。练习几次后，你能够使水流很大幅度地偏离原来的流向。

6.扩展活动：如果你将一个充电的电杖靠近一个不带电的气球，会发生什么情况？当你使气球带电后，又会发生什么情况？

话题：电　原子

当你用一块布摩擦梳子时，布上的电子会转移到梳子上，使梳子带上负电荷，然后梳子会吸引或排斥其他物体，这取决于它们所带的电荷。例如：棉纸小碎片上的正负电荷是均匀分布的，这样棉纸的电性呈中性。当带负电荷的梳子接近它时，纸上的电子就被排斥开去。当电子散失时，纸上就会剩下正电荷。梳子和纸屑就会互相吸引。如果你继续把梳子放在纸屑旁，梳子上的电子就会转移到纸上，纸屑被排斥开。这个过程还会重复。当你将这个梳子靠近细小的水流时，水流就会被吸引。一个水分子是由两个氢原子及一个氧原子构成的。（H_2O）氢氧原子在水的结合使水分子带有电极。水分子有两端，一端带正电，另一端带负电（正如磁铁有南北两极）。塑料梳子带负电，因此会吸引水分子中的正电极。

电子观测仪

如何判断一只用布摩擦过气球是否真的产生了静电呢？可以用电子观测仪——一种检测静电的仪器来完成这项工作。

材料：

清洁的带有软木塞或橡皮塞的玻璃瓶；铜线；轻铝箔（橡皮糖的箔包装效果会更好）；钉子；剪刀；气球或硬塑梳子；布（毛料、尼龙或混纺）；直尺——任选；报纸。

步骤：

1.切一段20厘米长的铜线，将两端的绝缘层除去。

2.用钉子在木塞或橡皮塞中间钻一个洞。这个洞的大小刚好能穿过铜线。

3.把铜线从木塞或橡皮塞中穿过后，将留在瓶中的铜线的一端弯曲（使它弯成一个平钩状）。

4.切一片0.5厘米×3厘米的箔。

5.将箔片对折，将它悬在铜线的末端。箔片与铜线之间不能有任何绝缘物。

6.将木塞或橡皮塞塞紧，以确保箔片挂在铜线上。瓶中应该绝对干燥，否则，电子观测仪就会失灵。

7.做一个箔球，将它紧插在铜线的顶端，电荷会很快从尖锐的物体上散失。而圆形箔球将会使电荷停留在瓶内，这样就可以检验它们了。

8.使一个气球或梳子带电，试验电子观测仪，当你将一个带电物体接近箔球时，会发生什么情况？当你将它靠近玻璃瓶时呢？当箔片的两端分开时，如果用手触动箔球会发生什么情况？

9.变化：试着将一个长而窄的报纸条折起来挂在直尺上，它可以充当电子观测仪的箔片。用一块布摩擦纸条看看纸条两端是否会分开。

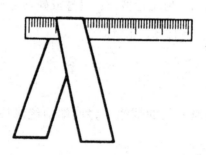

人类对于静电的了解至少要追溯到2600年前，那时希腊人发现，当琥珀（树上的一种凝固的树脂，一种天然塑料）被摩擦后，会吸引纱布、灰尘及纸。electrieity（电）这个词就来源于希腊语elektron（琥珀）。

话题：电

用电子观测仪可以检验出梳子、气球或其他带电物体上存在的静电荷。当用一个带电的物体接近金属线顶端的箔球时，作为导体的金属线将电荷传到箔片上。由于箔片的两叶都接收到了同样的电荷，它们会互相排斥，彼此分开了。当电荷中和时（例如：当用手指轻触箔球时）箔叶就会闭合。

实验下的电伏特

用化学方法在电池或电池组中发电是两种发电主要办法中较早的一种。下面自己组装一个电池组。

材料：

水杯或塑料容器；铜片；锌片；水；醋；小刀；绝缘金属线；钢丝球；回形针；轻便晶体二极管（只用一小部分电流，可以在玩具店或电器行买到）或电流计（可以检测电流及流向）。

晶体二极管　锌　铜　水和醋

步骤：

1.用钢丝球把金属片打磨干净。

2.将金属片放在水杯或塑料容器里，一侧放一片。

3.从两根绝缘电线的两端分别剥下约3厘米长的绝缘层。分别将两根电线的一端固定在一个金属片上（用回形针可将线固定在金属片上），将电线的另一端分别固定在轻便晶体二极管或电流计上。

4.向杯中注入少量水，使水面到金属片下部1／3处。如果你用的是电流计，指针会显示出此时产生的少量的电流。

5.向水中加醋。如果你用电流计，指针会偏离原来的刻度。如果你用的是晶体二极管，它会发光。

话题：电　化学反应　原子

为纪念他做的电的实验，电的衡量单位"伏特"是以意大利科学家亚历山德罗·伏特的名字命名的。大约200年前，伏特发现一个化学反应能够产生持续不断的电流。他观察到，当将一个铜片和一个锌片放到一种硫酸溶液中，然后用一根金属线将两个金属片的一端连接起来，电流就会开始在电线中流动。两个金属片中的原子都载有带负电荷的电子和带正电的原子核（质子和中子）。酸溶液中发生的化学反应分解了一部分锌，产生了许多呈负电性的电子。锌片中的正电荷在溶液中流向铜，在那里它们吸引了铜片的一部分电子。铜片开始带正电：两个金属片电性的不同，导致带负电荷的锌片中的电子，通过金属线流向带正电的铜片。

伏特的实验中包含了一个"湿电池",手电筒及无线电收音机中常用的干电池其实并不真是干的。比较伏特所有的电池与干电池,会发现它们具有很多相同点,锌片仍是被广泛应用的金属之一。在于电池中它仍充当容器,炭棒代替了铜片,垂直放于电池中心。一团湿湿的氯化铵化合物代替水及硫酸;添满了电池大部分空间。像在湿电池中一样,干电池中的化学反应产生了电流。

电路中要使用电线(金属线)做导体是因为电可以沿金属传导。大部分非金属的导电性能都很差。它们被称作"绝缘体",橡胶是最好的绝缘体之一。布、皮、玻璃、瓷及塑料也是很好的绝缘体。绝缘体被用于阻止电流流到不需要它流到的地方。例如:电工们经常戴着橡胶手套,以免被电击着。

法拉第与电实验

用化学方法发电大约用了一百多年后出现了法拉第的发明。下面重新演示一下法拉第的发现。

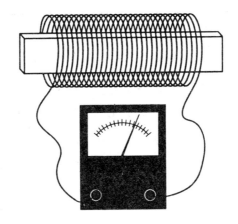

材料：

磁铁；几米长的绝缘金属线；卫生卷纸；小刀；电流计（检测电流及流向）。

步骤：

1.将金属线两端大约3厘米处的绝缘层剥下。

2.将电线绕着卫生卷纸缠二三十圈，做成一个团，可以让电线缠在卫生纸卷上（可以方便地使用）或可以将电线从卫生纸卷上抽下来。

3.将金属线连接到电流计上。

4.将一根磁棒塞进电线圈中再抽出来，电流计会有什么反应？

5.将磁棒放到桌子上，将电线圈在磁棒上来回移动。电流计会有什么反应？

6.扩展活动：用不同匝数的电线圈做试验。匝数多的电线圈能产生更多的电流吗？

在一个由干电池组组成的电，路中电子的流动方向是固定的，这种电流称作直流电。发电机能发出这种直流电，但大多数发电机发出的是"交流电"。在交流电中，向一个方向流动的电荷，会完全停止，然后向相反方向流动。这种电流流动方向的变化是非常迅速的，通常每秒钟120次。

话题：电 磁 能源

在50多年的研究过程中，迈克·法拉第做了16 000多次实验。在其中的一个实验中，他发现在某种条件下，磁能产生电。当法拉第将一块磁铁插入一个电线圈时，电流顺着一个方向流过电流，当磁铁停止运动时，电流也停止了。当他将磁铁从电线圈中抽出时，电线中又开始有电流流过，但却是朝相反方向流动。当他不停地将磁铁插入抽出时，有规律的脉动电流产生了。法拉第还发现，将电线圈在磁铁上来回移动与在电线圈中反复移动磁铁产生的结果是一样的。法拉第的发现被广泛地用到生活中。有些自行车上的车灯用发电器代替电池供电。在发电器里有一块两极互对向内的弯曲的磁铁。在两极之间，有一个电线团。当自行车轮子转动时，电线圈移动，电便产生了发电站利用的发电机，就像巨大的发电器一样。在水力发电站，奔流而下的水被用来给巨大的磁铁附近的巨型电线圈提供所需的动力。其他类型的发电站，利用以石油、煤、天然气或核能为燃料的蒸汽机发电。

名人堂

迈克尔·法拉第（Michael Faraday）

法拉第

法拉第，英国物理学家、化学家，发明家即发电机和电动机的发明者，也是著名的自学成才的科学家。生于萨里郡纽因顿一个贫苦铁匠家庭。仅上过小学。1831年，他作出了关于力场的关键性突破，永远改变了人类文明。1815年5月回到皇家研究所在戴维指导下进行化学研究。1824年1月当选皇家学会会员，1825年2月任皇家研究所实验室主任，1833—1862任皇家研究所化学教授，1846年荣获伦福德奖章和皇家勋章。

1791年9月22日是一个光辉的日子，一代科学巨匠迈克尔·法拉第降生在英国萨里郡纽因顿一个贫苦的铁匠家庭。法拉第的一生是伟大的，然而法拉第的童年却是十分凄苦的。为了解决全家的温饱，老法拉第带着5岁的小法拉第迁到伦敦，希望改变贫穷的命运，不幸的是上帝非但没有给法拉第一家赐福，反而在小法拉第九岁那年夺取了老法拉第的生命。迫于生计，仅有九岁的迈克尔·法拉第不得不承担起生活重担，去一家文具店充当学徒。四年以后，13岁的法拉第又到书店学徒。起初负责送报，后来充当图书装订工。真所谓"天欲将大任于斯人也，必先苦其心志，劳其筋骨，饿其体肤……"

贫穷是不幸的，童工的生涯其清苦可知。难能可贵的是小法拉第不安于贫穷，不安于清苦，奋志好学。14岁时他跟一位装书兼卖书师傅当学徒，利用此机会博览群书。他在20岁时听英国著名科学家汉弗利·戴维先生讲课，对此产生了浓厚的兴趣。他给戴维写信，终于得到了为戴维当助手的工作。法拉第在几年之内就做出了自己的重大发现。虽然他的数学基础不好，但是作为一名实验物理学家他是无与伦比的。

法拉第于1791年出生在英国伦敦附近的一个小村里。他的父亲是个铁匠，体弱多病，收入微薄，仅能勉强维持生活的温饱。但是父亲非常注意对孩子们的教育，要他们勤劳朴实，不要贪图金钱地位，要做一个正直的人。这对法拉第的思想和性格产生了很大的影响。

由于贫困，法拉第家里无法供他上学，因而法拉第幼年时没有受过正规教育，只读了两年小学。12岁那年，为生计所迫，他上街头当了报童，第二年又到一个书商兼订书匠的家里当学徒。订书店里书籍堆积如山，法拉第带着强烈的求知欲望，如饥似渴地阅读各类书籍，汲取了许多自然科学方面的知识，尤其是《大英百科全书》中关于电学的文章，强烈地吸引着他。他努力地将书本知识付诸实践，利用废旧物品制作静电起电机，进行简单的化学和物理实验。他还与青年朋友们建立了一个学习小组，常常在一起讨论问题，交换思想。重视实践尤其是科学实验的特点，在法拉第一生的科学活动中贯彻始终。

法拉第不放过任何一个学习的机会，在哥哥的资助下，他有幸参加了学者塔特姆领导的青年科学组织——伦敦城哲学会。通过一些活动，他初步掌握了物理、化学、天文、地质、气象等方面的基础知识，为以后的研究工作打下了良好基础。法拉第的好学精神感动了一位书店的老主顾，在他的帮助下，法拉第有幸聆听了著名化学家戴维

法拉第的实验室

的演讲。他把演讲内容全部记录下来并整理清楚，回去和朋友们认真讨论研究。他还把整理好的演讲记录送给戴维，并且附信，表明自己愿意献身科学事业。结果他如愿以偿。22岁上做了戴维的实验助手。从此，法拉第开始了他的科学生涯。戴维虽然在科学上有许多了不起的贡献，但他说，我对科学最大的贡献是发现了法拉第。

法拉第勤奋好学，工作努力，很受戴维器重。1813年10月，他随戴维到欧洲大陆国家考察，他的公开身份是仆人，但他不计较地位，也毫不自卑，而把这次考察当作学习的好机会。他见到了许多著名的科学家，参加了各种学术交流活动，还学会了法语和意大利语。大大开阔了眼界，增长了见识。因此有人说欧洲是法拉第的大学。

法拉第从欧洲回来后，立即全力以赴地投入科学研究。他搜集了能得到的一切资料，作了详尽的目录索引和笔记，大胆地进行各种化学试验。10年间，他取得了许多成果，也成为一位知名的化学家。法拉第受谢林哲学的影响，相信电、磁、光、热是相互联系的。1820年，丹麦物理学家奥斯特发现了电流对磁针的作用，法拉第敏锐地感到了它的重要性，他决心进一步探索其内在原理。1821年，他成功地作出了"电磁旋转试验"。他用简单的装置，显示出通电导体和磁铁相互连续旋转，这是第一台将电能转换成机械能的装置。法拉第一直认为，各种自然力都存在密切关系，而且可以相互转化。他坚信磁也一定能产生电，并决心用实验来证明它。但是各种努力都失败了。直到经过近10年的时间，到1831年他终于发现，一个通电线圈产生的磁力虽然不能在另一个线圈中引起通电电流，但是当通电线圈的电流刚刚接通或中断的时候，另一个线圈中的电流计指针有微小偏转。法拉第抓住这个发现反复做实验，都证实了这个现象。他又设计了各种各样的实验，磁作用力的变化同样也能产生电流。这就是有名的电磁感应原理。法拉第的这个发现终于劈开了探索电磁本质道路上的拦路大山，开通了在电池之外大量产生电流的新道路。法拉第发现的电磁感应原理是一个划时代的伟大科学成就，它使人类获得了打开电能宝库的金钥匙，在征服和利用自然的道路上迈进了一大步。利用这个原理，法拉第创制出了世界上第一台感应发电机的雏形。后来，人们又制成了实用的发电机、电动机、变压器等电力设备，建立起水力和火力发电站，使电力普遍应用于社会的各方面。这一切都是和法拉第的伟大贡献分不开的。为了证实用各种不同办法产生的电在本质上都是一样的，法拉第仔细研究了电解液中的化学现象，1834年总结出法拉第电解定律：电解释放出来的物质总量和通过的电流总量成正比，和那种物质的化学当量成正比。这条定律成为联系物理学和化学的桥梁，也是通向发现电子道路的桥梁。法拉第在电磁学的新领域中耕耘播种。他为了探讨电磁和光的关系，在光学玻璃方面费尽了心血。1845年，也是在经历了无数次失败之后，他终于发现了"磁光效应"。他用实验证实了光和磁的相互作用，为电、磁和光的统一理论奠定了基础。

法拉第作为一名天才的电学大师，在电磁学的新领域中竖立起了前进的路标。1837年他引入了电场和磁场的概念，指出电和磁的周围都有场的存在，这打破了牛顿力学"超距作用"的传统观念。1838年，他提出了电力线的新概念来解释电、磁现象，这是物理学理论上的一次重大突破。1843年，法拉第用有名的"冰桶实验"，证明了电荷守恒定律。1852年，他又引进了磁力线的概念，从而为经典电磁学理论的建立奠定了基础。后来，英国物理学家麦克斯韦用数学工具研究法拉第的力线理论，最后完成了经典电磁学理论。

爱因斯坦高度评价法拉第的工作，认为他在电学中的地位，相当于伽利略在力学中的地位。法拉第奠定了电磁学的实验基础。

法拉第在电学方面的贡献最为显著。纪录中法拉第最早的实验乃是利用7片半便士、7片锌片以及6片浸过盐水的湿纸做成伏特电池。他并使用这个电池分解硫酸镁。1821年，在丹麦化学家韩·克利斯汀·奥斯特发现电磁现象后，戴维和威廉·海德·渥拉斯顿尝试设计一部电动机，但没有成功。法拉第在与他们讨论过这个问题后，继续工作并建造了两个装置以产生他称为"电磁转动"的现象：由线圈外环状磁场造成的连续旋转运动。他把导线接上化学电池，使其导电，再将导线放入内有磁铁的汞池之中，则导线将绕着磁铁旋转。这个装置现称为单极电动机。这些实验与发明成了现代电磁科技的基石。但此时法拉第却做了一件不智之举，在没有通知戴维跟渥拉斯顿情况下，擅自发表了此项研究成果。此举招来诸多争议，也迫使他离开电磁学研究数年之久。

在这个阶段，有些证据指出戴维可能有意阻碍法拉第在科学界的发展，如：在1825年，戴维指派法拉第进行光学玻璃实验，此实验历时六年，但没有显著的进展。直到1829年，戴维去世，法拉第停止了这个无意义的工作并开始其他有意义的实验。在1831年，他开始一连串重大的实验，并发现了电磁感应，虽然在福朗席斯科·札德启稍早的工作可能便预见了此结果，此发现仍可称为法拉第最大的贡献之一。当他将两条独立的电线环绕在一个大铁环，固定在椅子上，并在其中一条导线通以电流时，另外一条导线竟也产生电流。他因此进行了另外一项实验，并发现若移动一块磁铁通过导线线圈，则线圈中将有电流产生。同样的现象也发生在移动线圈通过静止的磁铁上方时。

他的展示向世人建立起"磁场的改变产生电场"的观念。此关系由法拉第电磁感应定律建立起数学模型，并成为四条麦克斯韦方程组之一。这个方程组之后则归纳入场论之中。法拉第并依照此定理，发明了早期的发电机，此为现代发电机的始祖。1839年他成功了一连串的实验带领人类了解电的本质。法拉第使用"静电"、电池以及"生物生电"已产生静电相吸、电解、磁力等现象。他由这些实验，做出与当时主流想法相悖的结论，即虽然来源不同，产生出的电都是一样的，另外若改变大小及密度（电压及电荷），则可产生不同的现象。

在他生涯的晚年，他提出电磁力不仅存在于导体中，更延伸入导体附近的空间里。这个想法被他的同侪排斥，法拉第也终究没有活着看到这个想法被世人所接受。法拉第也提出电磁线的概念：这些流线由带电体或者是磁铁的其中一极中放射出，射向另一电性的带电体或是磁性异极的物体。这个概念帮助世人能够将抽象的电磁场具象化，对于电力机械装置在十九世纪的发展有重大的影响。而这些装置在之后的十九世纪中主宰了整个工程与工业界。1845年他发现了被他命名为抗磁性（diamagnetism）现在则称为法拉第效应的现象：一个线性极化的光线在经过一物体介质时，外加一磁场并与光线的前进方向对齐，则此磁场将使光线在空间中划出的平面转向。他在笔记本中写下："我终于在'阐释一条磁力曲线'——或者说'力线'——及'磁化光线'中取得成功。"

在对静电的研究中，法拉第发现在带电导体上的电荷仅依附于导体表面，且这些表面上的电荷对于导体内部没有任何影响。造成这样的原因在于在导体表面的电荷彼此受到对方的静电力作用而重新分布至一稳定状态，使得每个电荷对内部造成的静电力互相抵消。这个效应称为遮蔽效应，并被应用于法拉利笼上。虽然法拉第是一位非常出色的实验学家，他的数学能力与之相形就显得相当薄弱，只能计算简单的代数，甚至难以应付三角学。不过法拉第懂得使用条理清晰且简单的语言表达他科学上的想法。他的实验成果后来被詹姆斯·克拉克·麦克斯韦使用，并建立起了现在电磁理论的基础方程式。

法拉第最早的化学成果来自担任戴维助手的时期。他花了很多心血研究氯气，并发现了两种碳化氯。法拉第也是第一个学者实验（虽然较为粗略）观察气体扩散，此现象最早由约翰·道尔顿发表，并由汤玛斯·葛兰姆及约瑟夫·罗斯密特揭露其重要性。他成功的液化了多种气体；他研究过不同的钢合金，为了光学实验，他制造出多种新型的玻璃。其中一块样品后来在历史上占有一席之地，因为在一次当法拉第将此玻璃放入磁场中时，他发现了极化光平面受磁力造成偏转及被磁力排斥。

他也尽心于创造出一些化学的常用方法，用结果、研究目标以及大众展示作为分类，并从中获得一些成果。他发明了一种加热工具，是本生灯的前身，在科学实验室广为采用，作为热能的来源。法拉第在多个化学领域中都有所成果，发现了诸如苯等化学物质，他称此物质为双碳化氢（bicarburetofhydrogen），发明氧化数，将如氯等气体液化。他找出一种氯水合物的组成，这个物质最早在1810年由戴维发现。法拉第也发现了电解定律，以及推广许多专业用语，如阳极、阴极、电极及离子等，这些词语大多由威廉·休艾尔发明。由于这些成就，很多现代的化学家视法拉第为有史以来最出色的实验科学家之一。

是法拉第把磁力线和电力线的重要概念引入物理学，通过强调不是磁铁本身而是它们之间的"场"，为当代物理学中的许多进法拉第展开拓了道路，其中包括麦克斯韦方程。法拉第还发现如果有偏振光通过磁场，其偏振作用 就会发生变化。这一发现具有特殊意义，首次表明了光与磁之间存在某种关系。

他的主要著作《日记》由16041则汇编而成；《电学实验研究》有3362节之多。

法拉第一生热爱真理，热爱人民，真诚质朴，作风严谨，这样的感人事迹很多。

他说："一件事实，除非目睹，我决不能认为自己已经掌握。""我必须使我的研究具有真正的实验性。"在1855年给化学家申拜因的信中说："我总是首先对自己采取严厉的批判态度，然后才给别人以这样的机会。"在一次市哲学会的讲演中他指出："自然哲学家应当是这样一些人：他愿意倾听每一种意见，却下定决心要自己做判断；他应当不被表面现象所迷惑，不对某一种假设有偏爱，不属于任何学派，在学术上不盲从大师；他应当重事不重人，真理应当是他的首要目标。如果有了这些品质，再加上勤勉，那么他确实可以有希望走进自然的圣殿。"他是这样说的，也确实是这样做的。

他在艰难困苦中选择科学为目标，就决心为追求真理而百折不回，义无反顾，不计名利，刚正不阿。他热爱人民，把纷至沓来的各种荣誉、奖状、证书藏之高阁，却经常走访贫苦教友的家庭，为穷人只有纸写的墓碑而浩然兴叹。他关心科学普及事业，愿更多的青少年奔向科学的殿堂。1826年他提议开设周五科普讲座，直到1862年退休他共主持过100多次讲座，并积极参与皇家学院每年"圣诞节讲座"

凡19年。根据他的讲稿汇编出版了《蜡烛的故事》一书，被译为多种文字出版，是科普读物的典范。

他生活简朴，不尚华贵，以致有人到皇家学院实验室做实验时错把他当作守门的老头。1857年，皇家学会学术委员会一致决议聘请他担任皇家学会会长，对这一荣誉职务他再三拒绝。他说："我是一个普通人。如果我接受皇家学会希望加在我身上的荣誉，那么我就不能保证自己的诚实和正直，连一年也保证不了。"同样的理由，他谢绝了皇家学院的院长职务。当英王室准备授予他爵士称号时，他多次婉言谢绝说："法拉第出身平民，不想变成贵族"。他的好友J.Tyndall对此做了很好的解释："在他的眼中看去，宫廷的华丽，和布来屯（Brighton）高原上面的雷雨比较起来，算得什么；皇家的一切器具，和落日比较起来，又算得什么？其所以说雷雨和落日，是因为这些现象在他的心里，都可以挑起一种狂喜。在他这种人的心胸中，那些世俗的荣华快乐，当然没有价值了"。"一方面可以得到15万镑的财产，一方面是完全没有报酬的学问，要在这两者之间去选择一种。他却选定了第二种，遂穷困以终。"这就是这位铁匠的儿子、订书匠学徒的郑重选择。1867年8月25日逝世，墓碑上照他的遗愿只刻有他的名字和出生年月。

后世的人们，选择了法拉作为电容的国际单位，以纪念这位物理学大师。

力场的概念出自19世纪伟大的英国科学家迈克尔·法拉第的研究。

法拉第出生于工人家庭（他的父亲是一名铁匠），在19世纪初长期靠当装订工人学徒勉强维持生计。年轻的法拉第为两种新力量的神秘性质被揭开而带来的巨大突破而着迷。这两种新力量是：电和磁。法拉第贪婪地尽一切所能来学习与这些问题相关的知识，并参加了伦敦皇家学院汉弗莱·戴维（Humphrey Davy）教授的讲座。

一天，戴维教授因眼睛在一次化学事故中严重受伤，于是他雇用法拉第当了他的秘书。法拉第渐渐取得了皇家学院科学家们的信任，并且被允许独立操作重要的实验，尽管他常常受到冷落。年复一年，戴维教授越来越嫉妒他年轻的助手所表现出的杰出能力。法拉第已经成了实验圈子里冉冉上升的新星，最终使戴维教授的名声黯然失色。1829年，戴维去世后，法拉第得以自由地做出一系列惊人的突破，导致了发电机的产生。发电机能够为整个城市提供能源，并改变了世界文明的进程。

法拉第最伟大发现的关键是他提出的"力场"。如果有人将铁屑洒在一块磁铁上，他会发现铁屑将呈现一种充满整个空间的蜘蛛网状。这就是法拉第的力线，以图形的形式描绘出了电和磁的力场在空间如何散布。举例来说，如果有人绘出整个地球的磁场，他会发现力线从N极地区伸出，然后在S极地区落回到地球上。同样的，如果有人画出雷阵雨中一枚避雷针的电场线，他会发现力线集中在避雷针的尖端。在法拉第看来，"空的空间"其实根本不是空的，而是充斥着能使遥远的物体移动的力线（由于法拉第早年穷困，未能接受足够的数学教育，因此他的笔记本中密密麻麻的不是等式，而是这些力线的手绘图表。具有讽刺意味的是，数学训练的不足使他创造了如今任何物理课本中都可以看到的、美丽的力线图表。从科学上来说，物理图像通常比用来对其进行描述的数学语言更为重要）。

历史学家推测过法拉第是如何发现力场的，它是所有科学中最重要的概念之一。事实上，全部的现代物理学都是用法拉第的力场语言写就的。在1831年，他做出了关于力场的关键性突破，永远改变了人类文明。一天，他正将一块孩子的磁铁移过一个金属线圈时，注意到他甚至没有碰到电线就得以在金属线里制造了一股电流。这意味着磁铁不可见的场可以推动电线中的电子穿越"空的空间"，产生电流。

法拉第的力场曾经被视为毫无用处，是无所事事的随意涂鸦，但它是真实的、物质的力量，可以移动物体并产生能源。今天，你阅读这一页所依赖的光线或许就是由法拉第关于电磁学的发现而点亮的。一块转动的磁铁会制造力场，推动一根电线中的电子，使它们以电流的形式移动，其后，这股电线中的电力可以点亮一盏灯泡。与此同样的原理被用于生产给全世界城市提供能量的电力。比如，水流过一个大坝，在一个涡轮机中产生巨大的磁力进行转动，这个涡轮机随后再推动电线中的电子，形成一股电流，通过高压电线输送到用户。

换言之，迈克尔·法拉第的力场是驱动现代文明的动力，从电动推土机到如今的计算机、互联网还有iPad都源于力场的发现。

法拉第的力场在一个半世纪里成为物理学家的灵感之源。这些力场给了爱因斯坦极大的启示，他用力场的语言来描述和表达他的引力理论。同样的，加来道雄也被法拉第的成果所启迪。多年前，加来道雄成功地运用法拉第的力场表现了弦理论（theory of strings），从而建立了弦场论（string field theory）。在物理学界，如果有人说"他思考起来像一根力线"，那便意味着一种高度的赞美。（此节内容出自加来道雄《不可思议的物理》前言）

博大的胸怀

1839年，由于过度的思考和劳累，法拉第患了严重的神经衰弱症，暂时中断了对电磁学的研究。但在病中他仍进行了液化气体的研究，几年以后身体稍有恢复，又继续原来的研究课题。19世纪50年代以后，他的健康状况进一步恶化，被迫停止了研究工作。但他仍经常做演讲，向广大群众宣传科学知识。他非常注意培养青年人。他每星期都在皇家研究院公开讲课。他在七十高龄的时候，仍给青少年作通俗科学讲座，并且把讲稿编成了一本著名的科普读物——《蜡烛的故事》。

1867年8月25日，这位伟大的科学家安然去世了。法拉第对人态度和蔼可亲，宽宏大量。他对自己要求严格，有错即改，决不文过饰非。他33岁时就被选为英国皇家学会会员；34岁时升任皇家研究院的实验室主任。1846年，他由于在电学方面的杰出贡献而获得伦德福奖章和皇家奖章，把两枚奖章授予同一个人，在皇家学会的历史上是罕见的。他虽然获得了很高的荣誉和地位，但却始终保持谦虚谨慎的态度。他在自己的临终遗嘱里，吩咐家人不要举行隆重的葬礼，也不要葬入名人公墓，而是和普通人一样葬在一般墓地。他成名以后，不愿为拿高额报酬而影响正在进行的科学研究，而对于国家交给的科研任务，他却欣然从命，不计报酬。这种为了科学而轻视金钱的博大胸怀，与当时科学界某些追名逐利的人相比，是非常难能可贵的。

法拉第出身于贫苦家庭。他从一个穷铁匠的儿子，经过自己的艰苦努力，克服了重重困难，成长为一位为人类做出巨大贡献的科学大师。他那种坚韧不拔、不断追求科学真理的大无畏精神；那种一切从客观实践出发，重视科学实验的唯物主义态度；以及他不盲目崇拜权威，不囿于传统观念，敢于提出独特见解的创新精神，体现了一个科学家的优秀品格，永远值得后人学习和敬仰。

法拉第电磁感应定律

自从1820年奥斯特宣布电能使磁针偏转后，法拉第就想，一定是电产生了磁才影响到磁针。1825年，皮鞋匠出身的电学家斯特詹在对一块马蹄铁通电后，竟将4千克的铁块吸起。不久，有人改进这个实验，吸起了300千克的铁块。电真的变成了磁，而且力量是巨大的。

法拉第反过来想，磁为什么变不成电呢？如果能变成电，那力量也一定不会小的。自从1821年他做完那个电绕磁转的实验后，脑子里就时刻在想着这个问题，并在笔记本上写了"转磁为电"几个大字。于是，他的口袋里常装着一块马蹄形磁铁、一个线圈，边冥思苦想，边做实验。他先是用磁铁去碰导线，电流计不动，在磁铁上绕上导线，还是没有电。他干脆把磁铁装在线圈里，接上电流计，指针依然纹丝不动。法拉第就这样颠来倒去，从1821年开始到1831年，不知不觉已过去整整10年，他脑汁绞尽、十指磨破，也没变出一丝丝电来。

一天，他又在地下实验室忙了半天，还是毫无结果，便说了声："算了吧！"于是，气得将那根长条磁铁向线圈里嗵的一声扔进去，仰身向椅子上坐去。可是就在他仰身向椅子上坐的一刹那间，他忽然看见电流计上的指针向左颤动了一下。他赶忙眨了一下眼，再看指针又在正中不动了，他想也许是看花眼了，因为人们在高度集中精力的实验中，有时看到的只是自己的幻象。他这么想着，欠着身子将磁铁抽出来又试了一次。不想，这回一抽，指针又向右动了一下，这回可是真真切切的了。他忙将磁铁插回，指针又向左偏了一下。哎呀，有电了，磁成电了！

10年的苦思，一朝实现在眼前。法拉第将那磁铁在线圈里不停地抽出插入，上上下下就如同捣蒜一般，把个桌子捅得咚咚直响，那电流计上的指针也就像拨浪鼓似的左右摇个不停，原来磁变电是要通过运动！这时，法拉第贤惠温柔的妻子萨拉见他还不按时上来吃饭，便端着一盘面包、牛奶、几样小菜来到地下室，刚一推门，就看见法拉第正对着线圈"捣蒜"，便扑哧一声笑着喊道："迈克尔，开饭啰！"法拉第抬起头，扔掉磁铁像一只小鸟一样飞到萨拉面前，展开双臂搂住她的肩膀，就地打了一个旋。萨拉手中的牛奶、面包、菜碟统统掉在地上。她喊道："迈克尔，你怎么啦，牛奶洒了，盘子打了，你吃什么呀。""不要了，什么也不要了。今天有电了，有电就够了，只要电就行了！"

"1831年10月17日，磁终于变了电……"

法拉第虽发现了磁变电，但还是"穷追不舍"。他先将直棒磁铁换成马蹄形的，又将线圈换成一个铜盘，铜盘可以连续摇动，这样就可以获得持续电流了，而这就是世界上第一台发电机的雏形。

法拉第名言录

1.希望你们年轻的一代，也能像蜡烛为人照明那样，有一分热，发一分光，忠诚而脚踏实地地为人类伟大的事业贡献自己的力量。

2.一旦科学插上幻想的翅膀，它就能赢得胜利。

3.我不能说我不珍视这些荣誉，并且我承认它很有价值，不过我却从来不曾为追求这些荣誉而工作。

4.拼命去争取成功，但不要期望一定会成功。

5.科学家不应是个人的崇拜者，而应当是事物的崇拜者。真理的探求应是他唯一的目标。

6.爱情既是友谊的代名词，又是我们为共同的事业而奋斗的可靠保证，爱情是人生的良伴，你和心爱的女子同床共眠是因为共同的理想把两颗心紧紧系在一起。

7.只有无知，没有不满。

电磁铁的秘密

电与磁有着非常密切的联系。实际上，电流可以产生磁性。请自己试试看。

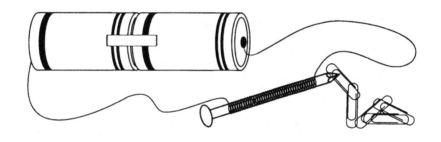

材料：7—8厘米长的铁钉；大约2米长的铜制绝缘导线；2节D型干电池；小刀；回形针；胶带。

步骤：

1.将导线两端的绝缘物质各刮掉约3厘米。

2.将导线缠绕到铁钉上并在两端各留20厘米长的导线。

3.串联两节干电池（负极对正极）并用胶带将其固定。

4.将导线一端固定在电池组的负极，并把导线另一端搭或固定于电池组正极上。

5.试一下，铁钉是否已有了磁性？它能吸起几个回形针？如果你切断电源情况会怎样？

6.扩展活动：变化铁钉上的电线匝数，看看磁力大小将如何变化？

话题：电 磁

电无处不在：我们头上的电线、家中的电器、电子计算机。只要有电就会有电磁场的存在。电具有磁感应，在一段通电的导线周围会产生磁场。当你把电线绕在铁钉上，接上电池后，电流就会在铁钉周围产生磁场，铁钉就成了电磁铁，电磁铁与永久性磁铁相比，有两个长处。一、通过增加电线缠绕匝数或增加电流强度可以增加磁场强度。二、电磁铁是否有磁性可以通过开关控制。当电路闭合时电磁铁具有磁性，当电路断开时则无磁性。有很强磁性的电磁铁可以被按在起重机上，用来在废品站里吊起废铁之类的重物，电磁铁也被应用在扬声器、钟、电话、门铃和发电机上。

电传导的速度很快，几乎与光速相同，大约是300 000千米／每秒。也就是说，如果你轻触设在芝加哥市的发电机开关，那么设在旧金山（两地相距约3000千米远）的与之相连的电灯就会在1／100秒内点亮。

没有发动机的旋翼

刻用∨形槽的小棍末端的旋翼似乎可以自动旋转。实际上，摩擦产生的能量是这个玩具的真正"燃料"。

材料：

直径较短的木钉；直径更短的另一个木钉；锉刀；大头针；纸；剪刀；直尺。

步骤：

1.如图所示，在一个直径较短的木钉上锉几个∨形槽。

2.用纸做一个旋翼，一定要使旋翼的两端对称，在旋翼的中心钻一个直径为3—4毫米的圆孔。

3.在刻有∨形槽的木钉的末端插入一个大头针，把旋翼插在大头针上。

4.用一只手抓住刻有∨形槽的把柄的一端；倾斜把柄，使旋翼不从大头针上掉下来。用另一个木钉做摩擦棒，如图所示，用另一只手握住摩擦棒，沿着∨形槽前后拉动摩擦棒。改变摩擦的方式（如：压力大小的改变，速度的变化和手握摩擦棒位置的变化），直到旋翼朝着一个方向转。

5.用大拇指或其他手指按住摩擦棒摩擦，使旋翼朝着相反的方向旋转。在你前后拉动摩擦棒的同时，大拇指或其他手指也要与刻着 V 形槽的把柄的边摩擦。试着用不同的速度做这个练习。

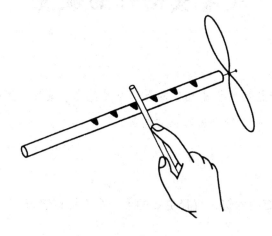

6.变化：用不同形状的旋翼进行实验（如：厚／薄，短／长）。

7.扩展活动：试着做出不同的设计。在四翼设计模型中，所有的四个旋翼都会朝同一方向旋转。如果把两个旋翼前后摆列，两个旋翼可以朝同一个方向旋转或朝相反的方向旋转。

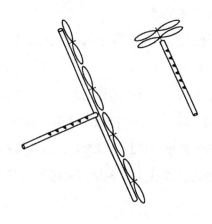

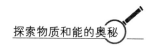

话题：能　力

　　这个玩具柄上的V形槽是这个不需发动机的旋翼的秘密所在。当你用小棍摩擦把柄，对它施加能量时，把柄会发生振动。振动的原因是小棍和V形槽之间具有一种摩擦力（摩擦力是两个物体表面相互作用产生的力）。水平摩擦力和垂直摩擦力在频率和振幅上都不一样。这是因为把柄的宽度和长度不同，你对把柄施加压力的方式不同，结果把柄和它末端的大头针的运动呈椭圆形。大头针和旋翼之间的摩擦力使旋翼旋转。如果你用大拇指或其他手指对把柄施加压力，产生的椭圆形的振动（和旋翼的运动）便会使旋翼朝相反方向旋转。

按颜色索骥

物质之间相互作用，能产生化学变化。红色卷心菜汁可以作为用来指示酸性和碱性的一种很好的试剂。

材料：

从容器内倒出煮过的红卷心菜的汁，或者你可以用切碎的红色卷心菜叶自制卷心菜汁（生的红卷心菜有点深紫色）；水；锅；一个烤炉或者其他的加热设备；汤匙；茶匙；玻璃杯；酸、碱测试物（如：烘干的苏打、醋、爆玉米、蛋清、柠檬汁、柠檬饮料、肥皂、阿司匹林、水果汁、唾液、番茄汁、牛奶、农家干酪），白纸巾——任选；葡萄汁；樱桃汁；洋葱；甜菜；苹果皮；茶。

步骤：

1.制作卷心菜汁：把切碎的卷心菜和3—4升的水一起放入一个带盖的锅内煮几分钟。卷心菜和水晾凉了，挤出剩余在卷心菜叶上的水。把这种紫色的液汁倒入一个大罐子里。如果不是立即使用，应放在冰箱内保存。

2.卷心菜汁试验：把3汤匙卷心菜汁和一点测试物质混合放入玻璃杯中。首先测试1／4茶匙烘干的苏打。苏打的颜色变绿，说明溶液呈碱性。加入半勺醋，溶液颜色变成红色，说明现在为酸性。然后再测试其他物质。

3.变化：制作卷心菜汁试纸，把一张白色纸巾剪成2厘米宽，12厘米长的几条，充分用卷心菜汁加以润湿，然后放在一旁晾干。干的纸条可以做试纸，往试纸上滴上几滴试验物质，然后观察其颜色变化（注意：可以往试纸上放些碱，然后观察颜色变化，然后在那个点上滴上酸溶液，它就会恢复原来的颜色）。

4.扩展活动：可以用葡萄汁、樱桃汁或者煮过洋葱、甜菜、苹果皮汁或者是茶做试剂。

话题：化学反应

化学物质按照共有的特征，被分门别类。"酸"是一组酸性物质，它们含有氢。当食物尝起来是酸的。例如：柠檬汁或醋，它通常含有酸性。"碱"与酸相反含有一种化学单位叫作"氢氧离子"，感觉有点湿滑或像肥皂似的，"碱"在食物中无很强的味道（就像烘干的苏打溶解水中一样）。酸、碱中和，碱可以和酸反应产生盐（另一组化学物质）。酸、碱分别能使试纸或卷心菜汁转变成不同的颜色，卷心菜汁的颜色转变很大。能从强碱的黄绿色转变强酸的亮红色。

粉末我心知

如果你见到一种白色粉末，那么也就算看到所有粉末的样子了，是这样吧？因为粉末看起来都是一样的。但是若做一点探究的工作你就会发现这些粉末有很大差别。

材料：

放大镜；黑色试纸；水；量杯；铝箔片（在其上混合）牙签和勺（用以混合）；杯子；稀释的碘酒（每500毫升水中28克碘）；醋；发酵用苏打；红卷心菜汁或石蕊试纸；干酵母；带拉锁的小塑料袋；试验用粉末（如：干面粉、发酵用苏打、抗酸片粉末、人工甜味佐料、糖、制糕粉、白色蛋糕粉末、粉笔末、清洁粉、玉米、淀粉、洗碗和洗衣用的清洁剂、土豆粉、奶粉、蒜粉或洋葱粉、无味凝胶体、即食布丁、速溶食料粉、食盐、白砂、爽身粉、酵母粉）。

步骤：

1.将实验要用的粉末全部加上标签。多种粉末要参与完成所有实验。制一张表将多种粉末在多次实验中的反映描述下来。哪种粉末有何特性？你能将这些粉末归类吗（例如属于酸、碱、糖还是淀粉）？

2.观察：仔细观察每种粉末。为便于观察，取一点放于黑色试纸上，用放大镜观察。快速嗅一嗅有时也能帮助分辨出是哪种粉末。将粉末在指间摩擦，这些颗粒是大是小？切勿品尝粉末。

3.加水实验：在少量粉末上滴1—2滴水，会发生多种情况。水是立即被吸收了还是形成水珠滚动开了？有气泡产生吗？如果产生，则粉末中可能含有酸或碱。它们在水中彼此起了反应。将粉末放于盛少量水的杯子中，观察粉末是沉入水底还是溶解于水中。

4.碘酒实验：一两滴碘酒可以检验淀粉的存在。将碘酒加入面粉中或玉米粉中，碘将立即变成紫色或黑色。

5.用醋实验：将少量试验用粉末与几滴醋混合。如果粉末为发酵用苏打则发出嘶嘶响，同时有二氧化碳气泡产生。还有其他粉末能与醋反应吗（一种酸)？

6.发酵用苏打试验：将一勺苏打溶于500毫升水中。取1—2滴此溶液放于试验粉末上。如果此溶液是酸性的，它将发出嘶嘶响并伴有二氧化碳气泡产生。

7.酸碱实验：有红卷心菜汁（见前页）或石蕊试纸检验粉末是酸还是碱。

8.糖试验：将试验粉末和干酵母与温水同时放入一个带有拉锁的塑料袋里。在密封前要保证排出袋中空气。然后将其放入盛有温水的平底锅中大约15分钟。如果粉末含有一种或几种糖果，酵母将其消耗并释放出二氧化碳。气体聚集在塑料包中而且与样品中所含糖量成比例。如果试验用量的不同粉末，那么你可比较出释放气体的量，也就知道在各种粉末中相应糖的含量了。特别比较一下糖和人工甜味佐料试验的结果。

9.扩展活动：在掌握了这些实验和不同粉末彼此作用的不同结果

后，可把一些不知名的粉末混合起来，用不同的试验去检验出尽可能多的粉末便是这个实验给你的挑战。

话题：化学反应　科学方法

化学是研究物质的物理和化学特性的一门学科，要成为化学家并不需要使用许多特制的装置和难发音的化学制品。实际上，许多人都是化学家，只是他们不知道罢了。我们是依靠已知化学反应和一系列物质的物理特性来做饭和清洗物品的。

制胶业

"小玛菲特小姐坐在她的小凳上，吃着凝乳和乳清"。现在我们就用玛菲特小姐的凝乳和乳清，还有另外一些化学品来制胶。

材料：

脱脂牛奶；量杯；玻璃或搪瓷锅；炉子或其他热源；过滤器；醋；发酵用苏打；汤匙；广口瓶或其他容器；纸。

步骤：

1.把470毫升脱脂牛奶和6汤匙醋倒入锅中，慢火加热，不停地搅拌。

2.当牛奶开始变稠（形成细小滴状物），马上把平底锅从热源上移走，继续搅拌直到凝结为止。

3.通过人工方法我们使牛奶发酵。让发酵的牛奶冷却下来，凝乳的部分会沉淀于瓶底，而其上层的液体就是乳清。

4.把凝乳和乳清倒入过滤器中，把所有的乳清都过滤出去。剩下的凝乳在过滤器中风干。

5.把凝乳移到一个容器中。倒入60毫升清水和1平匙发酵用苏打，并加以搅拌，苏打会与凝乳中的醋发生反应。

6.现在胶就制成了，可以用它来把两张纸粘贴在一起，来检验一下胶的粘性，当胶干了，试一试是否可以轻松地把两张纸分开？

话题：化学反应

由脱脂牛奶制取的胶叫作"酪素胶"，酪素其实就是凝乳的别名。酪素胶与我们在商店里买到的白胶相似，但是商业用白胶经过了更深层的提炼，并且它的黏着力要比自制酪素胶大的多。为了用胶把两种物质粘在一起，这两种物质的成分必须非常接近，这样胶会在物质间扩散开来，渗入到物质表面的细微空间中去。液体胶的扩展力取决于它的表面张力，即液体表面分子间的张力。一种好胶表面张力很小，这样它才容易快速扩展开，润湿所有被粘贴的部分。

胶的存在已有很长一段时间了。4000多年前埃及人就使用面粉和水制成了浆糊了。其他早些时候的胶是由蜂蜜、树脂、焦油和蛋清制成的。后来，人们通过蒸煮动物皮和骨头来获得胶。但是随后人们需要更具有黏着性的胶了——用它来把飞机的许多部分粘在一起。早期的飞机是由木头、螺丝和铁钉制造成的，当飞机在飞行中出现震动时，上述部分会发生松动，于是胶就被用来黏合机身部件。对飞机用胶的开发带来了我们今天所用的强力胶。现代的胶体是由多种化学物质混合制成的，它们的黏着力如此之强以至于竟能取代金属飞机上铆钉的作用。

化学帮你办

你曾经试过烧制方糖吗？它们烧得一点儿都不好。但如果你加上一种"秘密"成分你就会让它们烧得更好。

材料： 方糖数块；火柴；盘子；少许烟灰。

步骤：

1. 小心用火，此活动必须在成人监督下方可进行。

2. 将一块方糖置于盘子上。将糖置于火上。糖会发嘶嘶声并熔化，但不会燃烧。

3. 将烟灰揉撒在一块新方糖表面。将该糖置于盘上。持一燃着的火柴靠近方糖。直至它开始燃烧。方糖表面会燃烧一小会儿，并发出强烈蓝火苗。为什么？

话题：化学反应

烟灰在这次活动中的作用是"催化剂"。许多化学反应进行得很慢，但如果你加入另一物质它的速度就会加快。催化剂就是一种帮助化学反应的物质，催化剂不参加反应，它在反应前后无任何变化。催化剂在许多化学工业中都很重要，并在石油提炼中得到广泛应用。在生命组织里发现的大量催化剂，被称作"酶"。人们发现唾液和胃液中含有消化酶能够帮助分解淀粉和蛋白质等大分子，使之成为能为身体所利用的小分子。为一个给定的化学反应找到催化剂并不容易。往往要进行好多次试验方能找到催化某一反应的正确物质。

在你的口中制造火星！

取一些含糖的急救物（水杨酸甲酯最好），将其放入冷柜中片刻。当急救物冷却后拿着一面镜子到一个小屋中让眼睛在暗处适应一分钟。将急救物放入口中。当你用牙咬它时看镜子，你会看到蓝白色的火光。当你咬糖时，糖晶体被破坏，这会使糖晶体内部的空气分子吸收多余的能量。这种余能很快以光的形式放射出来。

神秘的消息

它看上去只不过就是一张普通的纸，但是如果你把它置于一个亮灯泡上，就会有一条消息突然显现在你面前！你可以用一种特殊的墨水写这神秘的消息。

材料：

新挤压出的柠檬汁（你必须用真的柠檬汁）；白醋或者是全脂牛奶；小的容器；牙签或棉棍；纸；热源（如：灯泡、蜡烛）。

步骤：

1.假设柠檬汁、醋或奶就是墨水。牙签或棉棍就是钢笔。在纸上写一条神秘的消息。用圆的一端写。这样纸就不会破，写的时候下笔要轻。

2.等待纸全部干透。

3.把纸置于有光的灯泡或其热源之上加热。不要使纸靠热源太近，否则纸就会烧起来。移动纸以便使所有看不见的字迹被加热。

4.可否使可见的字迹变得看不见呢？为什么能？为什么又不能？

5.扩展活动：用不同的液体作为神秘的墨水，看看哪一种效果好？哪种液体不可行？

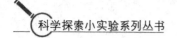

话题：空气　化学反应　能

能量能引起物质的变化。例如：热能使冰变成水，使水变成蒸气。在这个实验中，热在柠檬汁、醋或牛奶中引起了化学变化。热改变了分子的组成形式，而这种分子恰恰是吸收光，并使液体颜色变深。相反，当发生物理变化时，如（由液体到固体），这种变化过程通常比较容易逆向进行。

　　"印度"或"中国"墨水是最早被世人所知的，并且在东方它仍然和毛笔一起使用。植物染料和其他液体都被用作墨水，如今，大多数的墨水能从纸的表面蒸发，只留下色素。新闻纸上的墨水就是被纸吸收了。

　　当你用橡皮在纸上擦的时候，橡皮与纸之间的摩擦就会擦去纸最上面的一层，那就是说任何铅笔的痕迹都会被擦掉。

无用武之地的火柴

想生火，却无火柴，怎么办？不用火柴生火需要耐心和必要的技巧，但这并不难。下面那就做一个火弓试试看。

材料：

火弓手臂长短坚硬的树枝，一根结实的绳子（鞋带即可）系在树枝两头；火板（软木如杨木或白松木）；轴（硬木）；轴承（带有小凹陷的木头或石头）；易燃物（干草、碎雪松树皮）；灭火器或一桶水或沙子。

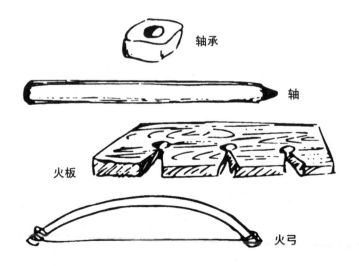

步骤：

1.要特别小心用火。应有成人的监督，并做好各种可能的安全防备措施——远离干草和灌木丛，手边有灭火器或一桶水或沙子。

2.按图所示准备好轴承、轴、火板和火弓。用的木料必须都是干木——如果需要可用火炉烤干木料。

3.地上铺一些易燃物，在上面放好火板，单脚跪地，另一只脚放在火板上，再一次把绳在轴上系好，然后把轴在轴承上垂直放好。

4.连续拉动火弓使置于火板上的轴快速旋转，同时，加大轴上的压力。一旦有烟火冒出，立即把火板V形凹口上的火星引到火板下的易燃物上，不停地对着火星吹气，以便有氧气供给，直到火开始燃烧。

5.生出火需要一定的时间。初学生火者需要有搭档合作，搭档轮流转动火弓和对火星吹气。

6.生火只需6.4秒，你能更快些吗？

话题：化学反应　能　原子

火是氧原子和燃烧物原子如木原子的结合体。在木料燃烧前原子必须都活跃起来，最初的活动是由外界的热，如火柴引起的。当加热时，木料表层的原子开始振动，直到分离。此时，木料里的氧原子、碳原子和氢原子四处分散开来。这样一来，空气中的氧开始与这些闲散的原子和分子相结合。这样，木头就燃着了。当木头燃烧时，会产生很多新的物质形式——水、二氧化碳、甲烷、乙烷、丙烷、辛烷、热、光和声音。一块木料的燃烧就像一座化学工厂。由于物质和能量的产生一系列的转换，所以可用火弓造火。一开始用能量来驱动火弓。这样，通过摩擦机械能就转化成热能。热导致了化学反应，而化学反应的结果却是火。

如影随形

可以利用影子来做关于光的性质的实验。也可以用影子来制作出许多令人毛骨悚然的生物。

材料:

光源（100—300瓦电灯泡、不用灯罩，幻灯，手电）；屏幕亚麻织物（床单）；白纸；用胶布粘牢在墙上。

步骤:

1.按下页所示，做出各种手势。

2.影子最暗的部分在哪儿？把手靠近或远离光源，对影子的大小有何影响？哪个是你所做的最大的、最小的、最清楚的阴影？当你的手与光源平行，以及你的手在光源的右侧时，影子各是怎样形成的？

3.你能制作出什么样的新动物影子吗？

4.变化：我是什么？有人制作影子，其他人猜影子所代表的是什么？

一个空的透明的玻璃杯能有影子吗？如果把玻璃杯装上水，能投射出影子吗？如果你用手拨动水，会有什么情况发生？

这些波纹会形成影子吗？

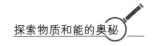

话题：光

光是一种速度极快的能量。它能穿越空气、水、玻璃和许多其他物质。光无法通过某些物质。当光射到由某种材料制成的物体上而被挡住的时候，稍未被物体挡住的光就会继续前行。影子的形状，就是挡住光的物体的形状。影子有许多有趣的性质。例如：物体距离光源越近，所形成的影子就越大越不清晰。光源越大，影子就越不清晰。

手影动物

长颈鹿

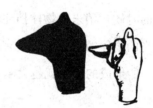

猎 狗

野 兔

另一只野兔

熊

狗

骆 驼

山 羊

狼

大 象

鸟

墙上的镜子

光射到物体表布的时候，会被物体表面反射回去，这种现象叫作光的反射，镜子是一种很好的反射器。下面研究一下镜子，看它是怎么样反射光的。

材料：

窗户；几张白纸；一张黑纸；胶带；两面小镜子；钢笔；一个便士；米尺；金属大汤匙。

步骤：

1.窗户反射：面对一扇窗户站立，要有阳光从窗户射进来或者使你背后有光源。你能在窗户里看到自己的像吗？当窗户后的背景是亮的，粘在玻璃后的白纸还是暗的（黑纸）时，更容易看到你的像？

2.反向的像：仔细观察同伴的脸。然后站在同伴的身后，你们两个人一齐向镜子里看。你们在镜子中看到的像与真人有什么不同？

3.翻转的单词：一篇课文照在镜子里会是什么样子？把你的名字和字母表写在一张纸上。你写的字母和它们在镜子里的像比较起来，有何不同？为什么有些字母看起来是一样的？写出在镜子里和纸上看起来一样的字母。

4.真正的你：向镜子里看，把镜子里的像当作面对你的另一个人。先眨你的左眼，然后再眨右眼，镜子里的像会眨哪只眼睛？把两面镜子合在一起，像墙一样形成一个角。轻轻地移动镜子，使你能在其中的一面镜子里看到你脸的一半，在另一面镜子里看到你脸的另一半。分别眨眼，用手摸你的左耳。每次会发生什么情况？

5.成倍增长的便士：把两面镜子合在一起，像墙一样形成一个角，把一个便士放在两面镜子中间。这时你能看到多少个便士？改变镜子的角度，移动便士，最多能在镜子中看到几个便士，最少呢？

6.我能看到你：把一面镜子以与眼持平的高度平贴在墙上，一个人站在镜子的右侧，另一个人站在镜子的左侧。移动脚步，直到你能从镜子中看到同伴的眼睛为止。你的同伴能看到你的眼睛吗？

7.我看见了自己：把一面镜子以与眼持平的高度平贴在墙上。把另一面镜子放在它的下面，让一个人站在镜子的前面，把下面的镜子往下移动，直到这个人可以从镜子中看到他或她的脚。把这面镜子贴到墙上，上面镜子的上端到下面镜子的下端的距离与这个人的身高相等吗？离开镜子往后走，会改变镜子间所需的距离吗？两面镜子间的距离是由人的身高决定的吗？

8.倒立：从镜子中看你的脸，再从汤匙中看你的脸，这两个像有什么区别？

话题：光

镜子是由背面带着一层特殊、具有反射功能的银膜的玻璃做成的，看一看普通的玻璃对于研究玻璃是很有用处的。投射到窗户上的光，不会全部穿过透明的玻璃，有一小部分会被反射回去。当光投射到窗户后面的一张白纸上时，大部分光被沿各个方向反射了回来，这就破坏了那些反射你的像的少量光线。黑色的纸能够吸收更多投射到窗户上的光线，因此可以使人们从反射你的像的少数光线中看到你的影像。

镜子中的像只是对周围世界的反射，并不是真正的图画。光线是沿直线传播的。要想在镜子中看到物体的像，必须把此物体对向镜子。光线被镜子的表面直接反射，映入你的眼里，形成反向的像。当你使两面镜子成直角时，便可以看到真实的你，每面镜子都把像的一半反射到相邻的镜子中，这样，反向的像被再次颠倒（使其变成正常像），然后投射到你的眼睛中，光以某一角度投射到镜面上，然后被以同一角度沿另一个方向反射出去。因此，如果你能从镜子中看到一个人，那个人也能从镜子中看到你，同时，它也说明为什么镜子只要有你身高的一半长，就可以照出你的全身。当光线照射到一个弯曲的凹形镜面上时，反射光线会互相交叉，因此形成了一个倒立的像。

绚丽的彩虹

你身边的光是由许多颜色组成的。用棱镜可以把光分散成一个微型彩虹。下面做一个你自己的棱镜。

材料：棱镜；手电筒或滑动探照灯；白色的墙或白纸；一盆水；阳光。

步骤：

1.用一束光照射白色的墙面。

2.把一个棱镜放在光束中。你看到了什么？当光通过棱镜时什么颜色的光看起来弯曲的程度最大？什么颜色的光弯曲程度最小？

3.把一盆水放在阳光下。

4.在盆中放一面镜子，镜子的大部分应浸在水中。千万不要直视太阳或镜中的反射光，因为这样会对你的眼睛造成永久性的伤害。倾斜镜子，使反射的阳光落在白墙的表面上，水面应保持静止不动。你在白色的表面上看到了什么？

话题：光 大气

"光子"是组成光的带能量的微粒。可见的白光是由组成彩虹的颜色组成的：红、橙、黄、绿、青、蓝、紫（记住它们的简单的方法：ROY.G.BIV）每种颜色的光都是由具有特定能量的光子组成的，例如：红色的光子具有的能量比蓝光少。每种颜色也都有它自己的波长。紫光波长最短，而红光最长。"棱镜"把可见的白光分成一个光谱，此光谱按波长、频率、能量排列。当光通过组成棱镜的玻璃时被弯曲（折射）了。棱镜程度不同地折射不同波长的光。紫光弯曲的程度最大，而红光最小。其他的光则处于二者之间。在一个自制的棱镜中，当光线通过水时就被折射了。当环境适宜时，空气中的小水滴也会像棱镜一样分离出日光中的颜色——这时你就看到了彩虹。有时你会在洒水车喷出的水雾中看到彩虹。

色盘的奥妙

怎样把一个黑白两色的圆盘变成彩色的呢？你要做的全部工作就是让它轻轻地旋转起来。

材料：

已绘制的圆盘的影印本（或用圆规和黑色的笔画一个圆盘）；胶水；硬纸板；剪刀；回形针。

步骤：

1.将圆盘的影印本粘在一张纸板上。剪掉圆盘四周多余的部分。

2.在圆盘中心扎一个小孔。

3.把回形针外侧的末端弯向上面（这样就在回形针外侧获得了又长又直的一段）。

4.把回形针夹在拇指和食指中间，使直的那一段向上。把圆盘插在上面，圆盘应靠在拇指和食指上。

5.旋转圆盘。你看到了什么颜色？当向相反的方向旋转时颜色发生了什么变化？

话题：光　感知

　　怎样看到颜色是由两件事决定的：你面前究竟有什么，眼睛究竟感觉到了什么。对颜色的识别取决于眼睛对不同频率或波长的光的区别能力。一个物体最明显的颜色是由它反射的光的波长决定的。在白光中，反射所有波长的不透明的物体看起来是白色的，一个吸收所有波长的不透明的物体看起来是黑色的。当眼睛接收到白光的重复闪烁之后，头脑中就会把这些闪烁的颜色译成信号，这就是为什么当圆盘旋转时，黑白两色的圆盘看起来就像上面有很多彩色的圆圈一样。

　　颜色是由光决定的。颜色并不像形状一样是物体本身的组成部分。在黑色的橱子中，苹果依然是圆的，但不再是红的。它没有颜色。然而仍在这个橱子中，如果你用明亮的蓝光照射这个苹果，看起来它是黑的。如果你把它放在日光下，看起来则是红的。

　　红颜色能够吸引人们注意力。这就是为什么红色被用作停止标志、危险信号、刹车显示灯的原因，对于广告和演出来说，它的刺激效果使它成为非常受欢迎的颜色。一些科学研究发现卧室里的红色，会引起不安和失眠。

颜色对对碰

人们都知道二加二等于四，可是你知道红色和黄色混合是橙黄色吗？看看你用三种原始色可以制作出多少种新颜色。

材料：

红、黄、蓝色软纸；几张白纸；胶水；水；颜料刷。注：你也可以把不同的颜料混合起来做这些活动。

步骤：

1.把红、黄、蓝色的软纸裁成面积为5平方厘米的正方形。

2.把一张红色和一张蓝色的软纸重叠着放在一张白纸的中央。

3.把加水稀释过的胶水小心地涂在软纸上，直到软纸完全潮湿为止。

4.重复上述步骤，用这三种原始色的不同组合会得到多少种不同的颜色。

5.扩展活动：把不等分的三种原始色混合在一起，例如：用1／3的黄色加上2／3的蓝色会得到什么颜色？看看你能得到多少种其他颜色？

话题：光

你能看到物体是因为光反射到了你的眼睛里。物体的颜色取决于被反射的白光中的可见部分，白光由组成虹的各颜色组成。一辆红色的马车看起来是红的，是因为除了射到马车的红光被反射到了你的眼中外，白光中的其他颜色都被马车吸收了。你可以用红、黄、蓝这三种原始色制作出不同的颜色。任何的三种原始色都可以以不同的份额混合，产生出其他的非原始色。例如，等量的红和黄混合得到橙色，等量的红、蓝混合得到紫色，等量的黄和蓝混合得到绿色，等量的红、蓝、黄混合得到灰黑色。

毛毡彩笔的秘密

做标记用的彩笔里的墨水是几种基本颜色的颜料的混合物，下面是检验你的彩笔中是否包含有其他颜色的方法。

材料：

水杯；塑料杯或其他干净的容器；水；吸水纸（例如咖啡滤纸或纸巾）；各种颜色的水彩笔（有些颜色和笔因为制作方法的原因可能不能使用）。

步骤：

1.从吸水纸上裁下一张直径为10厘米的圆盘用来测试各种彩笔。

2.在每个圆盘的边上朝向圆盘的中心剪两个豁口，两个豁口相隔约1厘米，然后把这部分折向后面，使其下垂到水杯里。

3.为每只彩笔都准备一个圆盘。在圆盘折起的部分，离底部约2厘米处，画一个大而重的点作为标记。

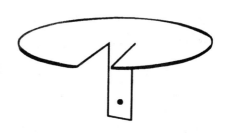

4.往杯中注水，当圆盘搭在杯子的边缘上时，水面与圆点略保持

一小段距离此标记是溶于水的，因此若圆点浸于水中，水彩将溶到水里。

5.分离过程大约需要 15 分钟，运用你已有的知识，要得到其他颜色，需要什么颜色混合起来：猜一猜从每种标记里可形成什么新颜色？

6.什么颜色的标记含有最多的其他颜色？什么颜色或何种类型的标记不能扩散？什么颜色在试纸上升得最高？

7.改变水的温度，温度是如何影响分离过程的？

话题：原子

不同的物质可以化合，颜色也可以混合得到新颜色。水彩和颜料由彩色物质的分子组成，这种物质可溶于液体。写字时，液体部分干掉后就留下了颜色。在这个活动中，当水攀升到纸上时，它接触到已干的颜色，水彩中的颜料分子就会分散（溶解），并且扩散到了纸带上。一些不同的颜料比其他的颜料扩散得快而且远，这是因为这些颜料分子比其他的又大又重的原因。这种颜色分离过程叫作层析。层析是指颜色分层显现。化学家用这种过程检验混合液，例如，药或染料，来找出混合液中存在的物质。层析法是 1903 年由俄国植物学家 MS 茨维特（M.S.Tswett）发明的。那时他正在研究存在于植物生命中的色素。

情景再现

科学秀场

物质与能这个主题的"情景再现"活动。如果把这些活动连在一起，它们就能组成一个长约1小时的表演。

科学与魔力联系在一起已有几千年了，当人们试图理解周围的世界时便求助于它们。人们在不能找到答案时，便常把某些现象解释为魔力，魔力和科学是基于人们对于某种特定的作用会产生特定的影响的认识。有些魔术利用科学，会产生令人吃惊的效果。

在科学表演中，一个人可集魔术师与科学家于一体，也可以几个人分别学一个戏法，然后轮流表演，无论你怎样进行表演，"科学表演"都会成为与魔术表演一样有趣的节目，由于观众了解到魔术的奥妙，所以"科学表演"比魔术表演更有趣。

接下来的两页包含了可供使用的一些"科学表演"用语。表演术语指的是表演者在表演魔术时快速讲的话。术语帮助表演顺利进行，它解释所发生的一切。是表演娱乐价值的一个重要组成部分。表演术语也定下表演的主题。"科学表演"的主题是设法找到"世界是由什么组成的"这个问题的答案。全部表演是对于该问题的集科学与魔术于一体的尝试。

表演术语表明了下述5个活动是怎样相互联系的。前4个活动分别与下面4种元素之一有关。它们是土壤，空气，水和火——2500年前，它们被认为是组成世界的基本元素。直到1700年关于物质与能量的概念才开始流行起来。这一系列的最后一个活动以现代方式回答了"世界由什么组成"这个问题并给出了一个附加的答案——一个你一直想知道但却又不敢问的问题的答案。

《科学探索小实验丛书》其他部分的活动也可用于这个科学表演当中。仅选取上述5个来用于表演，是因为它们适合与观众合作进行并各具特色（例如：有些是让观众一起参与，另外一些让观众摸不着头脑，还有其他一些是令观众大吃一惊的小魔术）。在少数观众中表演效果最好。年轻观众与年龄大一些的魔术师科学家，或者是一个，成年人互相补充效果更佳。

科学秀中的科学术语（一）

欢迎，欢迎参加科学表演（伸开双手并高举欢迎观众，或走上表演台挥舞小短篷）。

这个表演会使你享受到乐趣！使你感到惊奇！向你揭示魔术的秘密，从此使你也能表演。现在科学表演开始……

有一个困惑我的问题，已经好几年了，到底世界是由什么组成的？什么是组成万事万物的最基本的物质？建筑物、树、山、你我的身体有什么共同点？几千年以来，人们一直问着我正在问的问题。今天，在这个台上，你和我将找到这个答案。

（神秘地朝四周看，然后吹口哨）。我钻进一些书里，一些真正古老的书里。灰尘使我打喷嚏。你知道什么？我发现了许多人过去认为世界是由什么组成的。

（用正常的声音……）人们曾以为世界是由土壤、空气、水和火这四种物质组成的。这听起来似乎是正确的。土地意味着像木头、石头之类的固体物质。我们周围有许多——如那边的椅子。提起了固体，我正有一个非常奇妙的魔术要给你们表演。

魔术师们说一个名叫"扬波兹"的人发明了该魔术，但似乎没有人知道他是谁。有些人说他是意大利人，还有人说他是日本人。我个人认为他是个自然科学教师。因为当我正翻阅旧书籍时，在一本旧科学书上发现了这个魔术。该魔术需要用一些固体物如扫帚柄、盐、克里内克斯薄纸。（做第一个魔术，然后给出科学解释。）

克里内克斯薄纸是一种很结实的材料，我用另外一些坚固的物体如瓶子、纸片、硬币作了另一个魔术，想看吗？（眼睛要神秘地一眨），不过我得需要你来帮忙。这个魔术叫作"玩瓶子"。（做第二个魔术，并给出科学解释）

好，我们刚才正在做什么呢？是的，我们正在回答问题，"世界是由什么组成的？"我告诉你那本书说人们认为世界由下列四种物质组成：土壤、火、空气和水。土壤指所有的固体物质，空气指像我们正在呼吸用的气体，如氧气。蒸气也是气体，浮在空中的氦气球中的氦也是气体。

现在我们来做一些空气魔术，让我想一想它们是什么，在我想的时候，谁能上台来帮助我一下，我想准备好另一个魔术。（选出一名观众）你能吹一下这张卡吗？吹它的下面它便能翻过来，非常感谢。

（当那个人在吹卡片时，站在一边并搔搔你自己的头，做出好像你想记起那个空气魔术的样子，每隔几秒钟，看着吹卡的人并说一些诸如"用力吹"，"啊，费了你好长时间"，"你肯定没有用全力"之类的话。不管那人，如何尝试，卡片也不会翻动，当他真的灰心时，盯着他或她看一会儿，然后装作好像记起什么重要的事似的。）

唉，我只记起了一个空气魔术，你知道你正在吹气的卡片吗？不要着急，我记起来了，它是不可能翻跟斗的。很好的魔术，是吧？（给出第一个空气魔术的科学解释）

我知道另一个跟空气压力有关的魔术，我有一些平常用的报纸——没有绳连着。（做第二个空气魔术并给予解释）

　　我能做一个更好的空气魔术，这个喷泉在大热天是个非常好的制冷器。想看这个表演吗？（做最后一个空气魔术并解释）

　　有关空气的魔术就做到这里，至此我们见到了过去人们曾经认为组成世界的四种物质中的两种，我们已经见到土壤和空气，我的最后一个魔术与水有关。水指所有液态的物体，从河里的水到牛奶到橘子汁到能从一个容器到另一个容器的非常热的金属溶液（做正在从一个容器向另一个容器倾倒溶液的动作）。

科学秀中的科学术语（二）

我表演的与水有关的魔术非常精彩。（向观众弯腰，装作正在告诉他们秘密。）这个魔术是从我的曾—曾—曾—曾叔父传下来的，当然是从我母亲那一族而来，它是一个有关神奇的水的秘方，这种神奇的水能自己移动，实在令人惊讶。当你希望时，它会从一处跳到另一处。今天，为了你们我带来了一些这种神奇的水，我将示范给你看，它究竟有多么令人振奋。（做水魔术并给出科学解释）

现在这个小小的生日蜡烛使我想起了4种元素中的最后一种，人们认为构成世界的第4种元素是火。火意味着能量，能量是其余三种元素相互转化所必需的。例如：当你加热冰（固体），你得到水（液体）；当你持续加热水直至沸腾时，水变成了蒸气（气体）。

有许多神奇的关于火的魔术，你见过吃火的表演者吗？人们常对源于印度的这种魔术感到惊奇，我们今天不做这个魔术，但我知道它是怎样做的。其实，根本没有任何魔力在内，它只是纯粹的科学，表演者拿着一小团燃烧的棉花，把它移向嘴边，火焰在他（她）面前熊熊燃烧，然后表演者把燃烧的棉团放进嘴里并喷出来，而不受一丝伤害，表演者则可以继续表演。其中的道理很简单。棉团在酒精中浸过，这样它只是冷焰在燃烧。当表演者把棉球塞进嘴里，他们呼出气把火焰吹走（用嘴呼气使人们有一个大致的印象）。这样酒精停止燃烧，食火者也没受到伤害。这个魔术要花好几次才能练成——技术要正确，这样你就不会最终成为被烤焦的蘑菇——但没有什么魔力支配，现在请不要对别人说我告诉你的一切。（向观众眨眼示意）

马上演出的是我的关于火的魔术，我想我们需要更多的灯光，对吗？（点燃两支蜡烛），嗯，（做出似乎在估算灯的数量状）。我想我们打开的灯太多了，太亮了，我最好把蜡烛熄灭。（做第一个魔术并给出科学解释）

我非常喜欢那么跳跃的火焰戏法，现在，我们还有尚未熄灭的蜡烛，为什么不做个转移火焰的魔术呢，（做第二个魔术，并给出科学解释）这个火焰跷跷板会上上下下持续近一个小时，我们先把它放在一边。

很久以来，人们认为世界是由四种基本元素组成的：土壤、空气、水和火，它们是一种能够看得见的，容易理解和接受的东西。但今天我们又知道组成世界的不仅仅只有土壤、空气、水和火，这些神奇的魔方将告诉我们组成世界的两大基本物质。

（做最后一个魔术，每人发一组空白的方格，让他们填入各自不同的数字，于是便得到了一套已填完数字的魔方。或者，小组可以合作填写贴在海报栏上的一组空白方格，基本方法是观众参与寻找代表着组成世界的两大物质的两个字母。）

最后我们得知世界是由物质和能量组成的。物质是占有空间的，是有质量的东西，这意味着物质既可以是一块木头也可是一洼水。能量能把物质变成不同的状态。当热量融化冰，把它变成水时就发生了这种形态的变化。如果你持续加热水，水沸腾便得到蒸气。当人们说世界由土壤、水、空气和火组成时，他们当然是对的。土壤是固体，水是液体，空气是气体，它们都是物质的状态，从火中我们得到能量。能量与物质组成世界这种说法比以往的旧观念要更确切一点。

M和E，即物质和能量，但你是否注意到字母M和E拼在一起是一个单词，这两个字母为我正在思考的另一个问题提供了附加答案，或许你们也在考虑，因为这是"科学表演"。到底科学是什么y是关于数字和方程式，试管和物质吗？不对，字母M和E代表物质与能量，也拼作ME，科学是关于你我所有的一切，是关于人的一切，科学是人们提出的像"世界是由什么组成的"之类的问题。然后又以一个有条理的方式去寻找答案的过程，我们把方格中的数字相加，以这种有序的方式寻找答案，直到我们找到字母表中合适的字母为止。

科学必须有人参与，就像我不能没有你们而单独完成这个表演一样。你们是了不起的观众，让我们来互相致意吧！

（每个人鼓掌，表演结束）

土壤的奥秘

土壤是人们曾经以为组成世界的四种元素中的第一种元素，土壤代表了所有的固体。

材料：

棉纸（即克里内克斯纸）；卡纸管（例如卷筒卫生纸内的筒）；橡皮筋；盐；扫帚柄；空汽水瓶或番茄酱瓶（或其他小口瓶）；纸片；剪刀；硬币若干。

步骤：

1.扬波兹魔术：当观众的面把二层棉纸分开，你可以把棉纸刺一个洞来证明棉纸极易损坏。

把单层棉纸摊开放到卡纸管的一端，用橡皮筋把纸固定位，向纸管内至少倒入8厘米深的盐，告诉观众你将把扫帚柄放进卡纸管内并猛击却不损坏棉纸，然后用尽全力照所说的做，并请观众来试（注：有些棉纸比其他的更易损坏，你可能需要二层棉纸来做该魔术，但如只用一张未分离的棉纸，则要多加一些盐）。

2.瓶子难题：把纸裁成4×12厘米大小，放在瓶口处，然后把一些硬币——一些2.5分的硬币、5分币、便士和角币，按上述顺序排放在纸片上部，只要硬币堆稳定，堆得越高越好（因为这样就有更大的惯性）使魔术看起来很难。展示一下一堆硬币是很容易被打翻的。邀请一名观众去抽掉纸片而让硬币留在原地。参加者不允许接触瓶口或硬币堆，或任何其他的东西，不管该人怎么轻柔的拉或晃动纸片，硬币都会掉下来。现在由你来做，关键是要迅速抽掉纸片：把食指弄湿（以便提供更好的接触）用食指和拇指抓住纸片的长端，用手迅速往下一拉。

话题：力

在扬波兹魔术中，当你用扫帚柄猛击也打不破紧绷的棉纸是因为它被由盐产生的力保护着。盐粒中有许多小空间，当扫帚柄猛击盐时，盐粒堆紧在一起，撞击力均匀散布和盐粒间的摩擦吸收了能量（能转化为热），所以棉纸没有受到力的影响。瓶子戏法与惯性有关，牛顿的运动第一定律指出如果没有受到外力作用，运动的物体保持它们的运动的状态，静止的物体保持静止的状态，直到有外力作用在它们上，从而改变他们的状态为止。例如：使一个在平面上滚动的球停止的外力是摩擦力，摩擦力是阻止两个接触平面相对运动的力。在瓶子戏法这个魔术中，你能把纸片从硬币下抽出而不使硬币跌落是因为硬币的惯性（它们有继续保持原来的状态）。当纸片迅速被抽走，最底层的硬币和纸片间的摩擦力太小而不能克服硬币间的摩擦力，抽掉纸币所用的摩擦力是唯一使硬币移动的力，因为除此之外没有其他外力直接施加于硬币堆上。

无处不在的空气

空气是人们认为组成世界的四种元素中的第二种元素，空气代表着所有不同种类的气体。

材料：

卡纸或8厘米×13厘米的索引卡纸；桌子，两整张报纸；直尺或一条木块；锤子或扫帚柄；吸管若干；剪刀；玻璃杯；水；食用色素——任选。

步骤：

1.卡片：把一张卡纸或索引卡如图折好，为了取得最好的效果把纸片放在离桌沿10厘米处，要求是从卡纸下面吹气使它翻动（不能移动或接触卡纸，不管怎么用力吹，卡纸也不会翻动）。

2.报纸和尺子：把尺子或木条放在桌上并使尺子的1/3伸出桌子边缘，用两整张报纸盖住尺子其余部分，把报纸拉平，从中间向边缘击打纸片（这是用来保证尽可能少的空气留在纸片和桌

面之间），当你快速用力击打尺子时，人们以为会发生什么事？大家可能以为报纸会飞起来，但实际上在报纸上移动前尺子先断了，原因是力传递太快以至于在它作为杠杆来移动纸片之前已经先断了。

3.喷泉：在玻璃杯中倒满水（如把水染色会让魔术更明显），把吸管放进水里并切断它，使它仅在水面上露出一小段，然后把另一个吸管与第一个吸管成直角拿在手里，吹第二个吸管使气流通过第一个吸管上部，水花便会从第一个吸管中垂直喷出。

话题：空气　力

这两个魔术都与空气的特性尤其是大气压力有关，空气能够产生持续的巨大的压力。我们没有感觉到这种压力，是因为这压力指向各个方向并和我们人体内的空气压力达成平衡。在纸片魔术中，向纸片下部吹气降低了纸片下的大气压力。在卡片周围的相对增长的气压，把纸片向下压从而使它留在原地。在报纸和尺子魔术中，报纸表面的压力很大，这种压力不能被迅速冲破，因而尺子会折断。在喷泉魔术中，水由垂直的吸管往上冒是由于从水平吸管来的移动气流使垂直吸管上方的气压降低，这时周围空气较大的压力就会把水从杯中通过吸管压上来。

随处流动的水世界

水是人们曾经认为组成世界的四种元素中的第三种，水代表了一切液体。

材料：

生日蜡烛，一小块代用黏土或小烛台，硬币（角币很薄更好用）；浅盘子（例如玻璃馅饼盘）；水；食用色素；火柴；光边玻璃杯。

步骤：

1.把硬币放入浅盘内，倒入染色的水使水刚没过硬币（如放太多水，会使魔术失败）。

2.要求一些观众来取硬币而不沾湿手指，不能把水倒出来，也不能把盘子倾斜，在取硬币时不能借用任何工具，当每个人都没办法做到时，宣布你可以用一个生日蜡烛、火柴和玻璃杯完成这项艰难的任务。

3.取一个烛台（或用黏土做一个）把蜡烛放上去，把烛台放入盘内并尽可能远离硬币，点燃蜡烛。

4.用玻璃杯罩住点着的蜡烛，当蜡烛熄灭时，水会被压进杯中，这样盘内水就干了，你可以轻易拿到硬币，（注：如果该魔术没有成功，试着用一条肥皂或用洗涤剂沾湿的手指轻擦盘子，使水薄层不致破裂）。

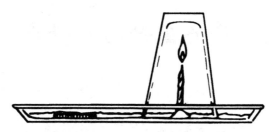

话题：空气　化学反应　力

如果你把一桶水倒在地上，水会很快地到处流淌，甚至会流入非常细小的夹缝中。空气也是这样，空气总会流入尚未被空气填充的空间。当你打开真空罩（空气已被抽走），取出里面的咖啡或花生，你会听到由空气涌入而产生的声音。真空吸尘器内有一个部分真空的集尘袋，空气冲人此袋时，它也同时把沿途的固体物质扫了进去。在这个魔术中，当你把点燃的蜡烛放入一个封闭空间内，你便制造了一个部分的真空。蜡烛燃烧时，它消耗了氧气（氧气约占空气的20%）当几乎所有的氧耗完后，火焰便会熄灭，这个氧已消耗的封闭空间内的气压远小于外部空气的气压，于是，水便被外部空气压力挤进这个封闭空间内，从而在这个半真空和外面的空气间产生了一个水层，这与灰尘被吸入吸尘器的道理相同。

炙热炎炎的火之舞

火是人们曾认为的组成世界的四大元素中的第四种，火代表了能量。

材料：

两三支大蜡烛；蜡纸；火柴；小刀；两根钉子；回形针；两只玻璃杯；两个浅碟子；直尺；石棉网——任选。

步骤：

1.用火时要非常小心，这些魔术必须在成人的监督下进行。

2.跳动的火焰：把蜡纸平铺在一个平面上，用它接住融化的蜡油（可用一个石棉网来保护这个平面）。点燃蜡烛，每只手各执一支（注意，不要让热蜡油滴在手上）。火焰烧旺时，把两支蜡烛横向移近，然后吹灭一支并把它移到另一支仍燃烧的蜡烛下面，装作玩做杂耍的样子。已灭的蜡烛产生的烟会上升到火焰处，此时，反应便会立即沿着烟发生，已灭的蜡烛的灯芯又被重新点燃，火焰猛的自空中蹿起（注意，这个魔术只能近看，因为两支蜡烛分开的距离很小）。

3. 另一种"跳动的火焰"：点燃蜡烛后吹灭它，把一根燃着的火柴迅速放到"烟柱"上，蜡烛就会被点燃。

4. 火焰跷跷板：把前一个魔术中用过的蜡烛吹灭并取出一支，也可用一支新的蜡烛。剥去蜡烛底部的蜡，露出灯芯。测量出蜡烛的中点，并在中点两侧各穿入一根钉子，把钉子的另一端搭放在玻璃杯沿上，就像跷跷板一样。钉子两边各夹一个回形针，把钉子固定在玻璃杯边缘，以免钉子滑离杯口。蜡烛两端各放上一个浅碟，点燃蜡烛的两端，蜡烛便会做跷跷板式的运动，上上下下持续数小时。

话题：化学反应　能

能量使物质产生不同的状态——如把固体变成液体，把液体变成气体（如冰成水再成气）。所有化学反应都与能量有关，蜡烛燃烧便是我们熟悉的一个化学反应，蜡烛与空气中的氧气反应产生水和二氧化碳。蜡烛燃烧的同时产生光能和热能（你见到的是火焰）。火柴要先点燃蜡烛，提供热能，使蜡热到能与氧分子结合的程度。自此以后，反应释放的热能会保证接下来反应所需的热能。当吹灭蜡烛时，留在灯芯上的热蜡以烟的形式释放出来，如把一束火焰移近它，"蜡气"就会燃烧起来。

在"跳动的火焰"魔术中，火焰能沿蜡气传送，一直到达散发"蜡气"的灯芯把它点燃。这一过程看上去就像凭空窜起一样。"火焰跷跷板"魔术作为"科学表演"的最后一个活动，为科学表演中最后一项活动提供了很好的舞台背景，当蜡油从蜡烛两端滴下时，蜡烛一边便很快轻于另一边，重的一端下摆又在浅碟上滴下大滴蜡油，这样它又变轻了，当它上升时，另一端下摆滴下蜡油，然后又上升，如此反复，使蜡烛持续摆动。

庐山真面目

这些"神奇"的方格揭开了关于"世界是由什么组成的"这个问题的新式答案，并且额外给出"科学是关于什么的?"这个问题的答案。

材料：纸；铅笔。

步骤：

1.画一个大方格，把它横竖各分成相等的3个格。

2.现在你可以把数字填入这9个小方格中，如果你填得正确，那么这个神奇方格中的数字无论是横加、竖加还是斜加都等于同一个数，而且在这个"神奇"方格游戏中这个数总是18，如下找出每个小方格中的数字。

· 中心方格：18除以3。

· 第一行中格：中心格数字加上4。

· 第三行中格：中心格数字减去4。

· 第二行右第1格：中心格数字加上2。

· 第二行左第1格：中心格数字减去2。

· 第三行右第1格：中心格数字加上1。

·第三行左第1格：中心格数字加上3。

·第一行右第1格：中心格数字减3。

·第一行左第1格：中心格数字减1。

5	10	3
4	6	8
9	2	7

3.两个加起来等于18的字母也同样代表了字母表中的可回答"世界是由什么组成的"这个问题的字母。既然每一行有3个字母，你必须把3个字母中的两个加起来，从而得出2个字母的和。例如：从第2行中你能得到10（4+6）和一个8继续加出两个字母的和，直到你找到有两个字母能组成一个单词，这个单词是个额外答案，而且这两个字母也代表组成世界的两样东西。

答案：

两个关键的字母数字是13和5（例如：第一排有"5"和"10+3=13"或第一竖行有"5"和"4+9=13"）。M在字母表中是第13个字母，E是第5个。"世界是由什么组成的"这个问题的答案是M（物质）和E（能量）。M和E同时拼出ME这个单词。这个单词正是"科学是关于什么？"这个问题的答案。

▌▌▌ 话题：数字

物质和能量是组成世界的两个基本部分。任何占据空间并且具有质量的东西都称作物质。物质从产生之日起就保持相同的数量，物质不能被创造或者破坏，它只能从形式上改变，关于土、水、空气和火组成世界的这一旧说法与真理相差并不太远，土是固体，水是液体，空气是气体。固体、液体和气体是物质的三种状态。火是能量，物质和能量的观点，只不过稍微比以往的观点精确一点儿。

无论如何，科学是关于什么的呢？

它是关于数字、公式和试管等物体，对吗？错！字母M和E，代表物质和能量，也可拼作ME（我），科学是关于我和你！科学是关于人的科学，科学是人们提出像"世界是由什么组成的"这样的问题，然后再用一种有组织的方法寻求答案的过程。